气候变化和梯级水库调控
对澜沧江径流影响机制研究

张星星　著

中国农业科学技术出版社

图书在版编目（CIP）数据

气候变化和梯级水库调控对澜沧江径流影响机制研究 /
张星星著. --北京：中国农业科学技术出版社，2023. 11
ISBN 978-7-5116-6490-7

Ⅰ.①气… Ⅱ.①张… Ⅲ.①气候变化－影响－澜
沧江－流域－地面径流－研究②梯级水库－水库调度－影
响－澜沧江－流域－地面径流－研究 Ⅳ.①P331.3

中国国家版本馆CIP数据核字（2023）第 195540 号

责任编辑	马维玲
责任校对	李向荣
责任印制	姜义伟　王思文

出 版 者	中国农业科学技术出版社
	北京市中关村南大街 12 号　　邮编：100081
电　　话	（010）82109194（编辑室）　　（010）82106624（发行部）
	（010）82106624（读者服务部）
网　　址	https:// castp.caas.cn
经 销 者	各地新华书店
印 刷 者	北京建宏印刷有限公司
开　　本	170 mm×240 mm　1/16
印　　张	11.75
字　　数	200 千字
版　　次	2023 年 11 月第 1 版　　2023 年 11 月第 1 次印刷
定　　价	88.00 元

　　跨境河川径流是流域各国重要的战略性资源。气候变化和梯级水库调控如何影响澜沧江流域径流演变过程及水资源时空分布格局等问题，是国内外关注的热点与难点。利用卫星测高等对地观测技术获取水库动态和流域水文要素信息，很大程度上改变了传统地面观测数据匮乏的现状。本书基于卫星测高、遥感影像和数字高程模型构建梯级水库水位-面积变化曲线，计算水库蓄水量变化，揭示澜沧江梯级水库动态变化过程、蓄水策略及运行规则；提出结合区域化方法与整合多源目标的水文参数率定方案，基于实测历史径流、河道Sentinel-3虚拟站点测高水位和流域GRACE重力卫星总储水变化量优化水文参数，提高径流模拟精度；依据水库蓄水变化量和模拟的天然径流，重建水库调控下的流域出口径流，可定量分析气候变化和水库调控对流域出口径流的影响以及对下游丰枯变化的水量控制效应，促进流域沿线各国在澜沧江-湄公河流域的水资源科学利用上达成共识。本书的主要研究成果如下。

　　气候变化和梯级水库调控对澜沧江流域水资源分布格局造成深刻影响。下游流域总水储量变化（TWSA）在2002—2009年和2010—2019年2个时期的时空分布模式存在显著差异。2010—2019

年，降水量显著减少（-34.68 cm/a），但是由于小湾和糯扎渡2个大型水库的蓄水运行，TWSA呈显著增加趋势（8.96 cm/a）；下游流域地表水储量（SWS）在2002—2019年总体呈增长趋势（0.51 cm/a），2010年以后流域持续暖干化，SWS呈减少趋势（-5.48 cm/a）；下游流域地下水储量（GWS）受水库持续补给，自2010年起呈稳定上升的趋势（9.73 cm/a）。

基于多源对地观测的多目标水文模型参数优化方案远优于仅使用历史径流率定的模拟方法。IMERG驱动模型的流量历时曲线（FDC）目标函数提高了71.26 %和22.22 %，CMAGrid驱动模型的气候基准（CB）目标函数提高了19.61 %和11.64 %。模拟天然径流验证结果平均R、KGE和NSE分别达到了0.88、0.86和0.77；重建梯级水库调控下径流验证结果平均R、KGE和NSE分别达到了0.8、0.79和0.7。

气候变化和水电开发共同影响了澜沧江流域出口径流状况，流域出口径流失去了明显的季节变化特征。自1956年以来，澜沧江流域持续的暖干化导致出口洪峰径流减少约47 %，枯水季流量无明显变化。小湾水库和糯扎渡水库的蓄水运行，进一步削减了洪峰流量（50 %），但是显著补充了旱季流量（100 %）。

研究工作得到了国家自然科学基金青年基金项目（42201037）、中国博士后站中特别资助项目（2022M713122）和面上资助项目（2022M713122）以及中国科学院特别研究助理资助项目（E2S20001Y5）资助，特此感谢。

著　者

2023年9月

目　录

第1章

绪　论

1.1 / 研究背景与意义

　　河川径流是水资源重要的赋存方式，在气候变化和人类活动双重作用下，全球范围内各种尺度上的流域产流、汇流过程都发生着深刻变化，对流域水资源演变及时空分布产生越来越显著的影响（KONAPALA et al.，2020；PADRÓN et al.，2020）。变化环境下流域径流演变规律研究受到了世界各国的广泛重视和关注，尤其是针对国际河流流域。

　　跨境水资源的公平分配、合理利用、协调管理等问题日益成为一个与国家安全和地区稳定密切相关的敏感问题（于旭和蔺强，2018；何大明和冯彦，2006；何大明 等，2014）。近30年来，为了缓解水资源短缺状况和满足经济发展不断增长的水资源需求，我国本着统筹考虑流域各国利益与安全的原则，对水资源蕴含量较丰富的跨境河流进行了科学、适度开发（张利平 等，2009）。在"一带一路"倡议逐步推进与实施的趋势下，如何使流域沿线各国在水资源科学利用上达成共识，是区域社会经济可持续发展、维持流域生态平衡和健康的重要基础，对促进流域地区安全稳定具有重要的战略意义。

　　澜沧江水资源及水能蕴藏量丰富，是我国西南地区重要的跨境河流，也是下游地区的"水塔"。澜沧江发源于青藏高原高寒区，流域生态和水文过程对气候变化的响应强烈（刘苏峡 等，2017）。近几十年来，气候变化引起流域水资源在时间和空间上重新分配，增加了洪涝、干旱等极端灾害发生的频率和强度，使得流域水资源问题更加突出（李峰平 等，2013）。澜沧江作为我国重要的清洁能源基地，梯级水库和大坝直接有效地调节了径流，提高了防御洪涝、干旱等灾害的能力，发挥了灌溉、供水、发电等综合效益（WANG et al.，2017；秦大河，2019）。但是，水库调度过程中的径流过程伴随着不确定性，直接影响到了流域水循环和水资源时空布局（HAN et al.，2019，2020；MA et al.，2020）。变化环境引起的流域水资源短缺和不确定性的增加成为我国和东南亚各国政府关注的重点问题（CHIEN et al.，2013；夏军和左其亭，2013）。

本研究将借助卫星测高等对地观测技术手段，系统开展澜沧江梯级水库流域径流重建研究，力争通过研究实施期的系统工作，揭示澜沧江梯级水库动态变化过程，重建梯级水库调控下的径流，定量分析气候变化和水库调控对流域出口径流的影响以及对下游丰枯变化的水量控制效应，使流域沿线各国在澜沧江-湄公河流域干旱补水和汛期防洪等水资源科学利用上达成共识，为促进澜沧江-湄公河流域协调、稳定与可持续发展提供科学借鉴。

1.2 国内外研究现状

下面将从变化环境对流域河川径流的影响、变化环境对澜沧江流域（LRB）径流的影响、基于卫星对地观测的湖库动态监测、基于遥感与区域化方法的水文模型参数优化4个与本研究相关的方面进行阐述。

1.2.1 变化环境对流域河川径流的影响研究进展

流域出口径流是流域内气象、植被、土壤和水利工程等多种要素综合作用的结果，径流的变化对水文系统的演化起主导作用，径流时间序列是水文长期预报研究中的重要课题（TAO et al.，2016；WU et al.，2014；徐宗学和程磊，2010）。

1.2.1.1 气候变化对径流的影响

气候变化对径流的影响主要体现在降水和冰雪融化2个方面。一方面，温度的升高会增加蒸发从而导致大气中可容纳水汽增多，进而加速水文循环；同时也会加速冰雪融化过程，进而改变产流过程。另一方面，温度和降水互相耦合，温度的升高迫使极端降水事件趋多增强，从而改变产流过程（KONG et al.，2016；李宝富 等，2012；沈永平 等，2013）。深入了解气候变化与流域径流演变规律，有助于提高对未来径流变化情势以及极端水文情况引发风险的认知水平。

1.2.1.2 水库建设对径流的影响

全球已经建造了数以万计的水库，许多水库仍在建设或规划当中（LEHNER et al.，2011；ZARFL et al.，2014）。中华人民共和国成立以来，进行了大规模水利建设，水资源综合开发利用水平不断提高（HU et al.，2017；ZHANG et al.，2020a）。水库的调度直接影响河道径流极值的发生时间、大小、年内波动及频次。研究表明，水库具有很好的调蓄功能，不仅能有效地减小洪水的峰值，也会在一定程度上减小洪水的年际波动（WANG et al.，2017）。同时，大坝改变了流域天然河川径流的时空分布模式，由此也影响了下游防洪、灌溉、航运、水污染等跨境水文特征及关联效应（LAURI et al.，2012；于旭和蔺强，2018）。

1.2.1.3 气候变化和水库建设对径流影响的定量分析方法

客观定量地评价两者对河川径流的影响有助于解决气候变化对策的科学问题，同时对水资源的可持续利用具有重要意义。目前，研究气候变化和水库建设对径流影响的方法主要分为2类：一是基于观测数据的统计回归分析方法；二是流域水文模拟法。

基于观测数据的统计回归分析方法根据同期气象与水文观测资料，通过数据分析和回归统计分析，建立相关统计模型，分析径流演变规律，进而评估不同变化因素对径流变化的贡献（SANKARASUBRAMANIAN et al.，2001；杨大文 等，2015；汪美华 等，2003）。统计回归模型主要依赖实测径流数据，水库调度过程被忽略，在早期的径流预测研究中应用较多。

流域水文模拟法通过统计分析或热点事件划分水库调控时期和天然径流时期（王国庆 等，2008），基于天然时期水文站点径流率定模型参数，重建天然径流，通过比较当前实测径流与模拟天然径流的差异分析水库调控对径流的影响（HAN et al.，2019；董磊华 等，2012）。该方法应用广泛，但在径流时期划分、水文模型参数率定及径流影响程度分析等过程中仍主要依赖实测径流数据，并且该方法更像是一个黑箱模型，无法描述水库入流、水库蓄水变化量和水库出流等具体水文分量。

在流域水文模拟研究的基础上，国内外学者进一步补充了水库调度过程。目前使用的方法主要分为2种：一种是简单的线性水库模型，把现有的水库调度方案嵌入水文模型当中，但是不同水库运行策略差异较大，并且需要大量水库实测数据（入流、蓄水量和出流等）限制调度参数（HULSMAN et al.，2020；RÄSÄNEN et al.，2012）；近年来，卫星对地观测技术快速发展，融入卫星对地观测等技术及数据支持是现代水文学研究趋势。通过卫星测高、遥感影像和高精度数字高程模型（DEM）获取得到的水位、水体范围和高程等水文数据被广泛应用于流域水文研究当中。所以，通过卫星测高、高精度DEM和遥感影像建立水库水位-面积关系曲线进而反演水量变化的方法得到关注（HAN et al.，2020；ZHONG et al.，2020）。

1.2.2 变化环境对澜沧江流域径流的影响研究进展

气候变化导致澜沧江流域极端洪涝与干旱发生的频率和严重程度不断增加，2016年由于非正常季风导致降水偏少，厄尔尼诺现象导致高温强蒸发，流域下游发生了严重干旱，景洪水电站实施紧急补水，缓解了湄公河下游各国旱情。气候变化和水库调控对流域出口径流的影响一直是流域各国关注的热点和焦点，但是水库调度过程中的径流过程伴随着不确定性，限制了传统水文模拟方法的应用。RÄSÄNEN（2012）基于简单线性水库模型评估了水库对下游泰国境内清盛站的影响，结果显示洪水径流减少了29%~36%，非汛期径流增加了34%~155%。RÄSÄNEN（2017）基于水文模型还原了天然径流，通过比较模拟天然径流和实测径流差异，发现2014年清盛站洪水径流减少了32%～46%，非汛期径流增加了121%～187%。HAN（2019）使用同样的方法分析了水库对流域出口径流的影响，结果表明，水库对径流影响程度达到了95%。但是，以上方法均未考虑水库动态变化过程。

模拟水库蓄水量动态变化和入流是重建水库调控下径流的前提。卫星测高与遥感影像等对地观测逐渐被应用到澜沧江水库动态监测当中，水库蓄水变化量计算的首要任务是构建水库水位-面积曲线。其中，遥感数据的适用性是关注的焦点。遥感光学影像虽然能提供长时间序列的水库面积变化，但数据质量容易受到光学影像质量（云或传感器问题）的干扰。HAN（2020）直接将水库面积视为常数，建立了4个大型水库水位-蓄水变化量之间的线性关系，重建了水库调控下径流，其模拟精度高于简单的线性水库模型。但实际上澜沧江水库依靠峡谷，呈狭长带状分布，水库面积随季节波动较大。LIU（2016a）基于卫星测高计与遥感影像也证实小湾水库和景洪水库水位和面积呈现明显的非线性关系。此外，卫星测高数据的可用性除了跟卫星本身的重返周期和空间覆盖率有关外，也受到澜沧江狭窄的山区地形干扰。所以，以往研究仅考虑个别大型水库且不考虑水库面积变化，拟合曲线并不合理。

水库入流模拟的首要任务是流域水文参数率定。澜沧江-湄公河流域下垫面和气候条件的变化具有时空差异性，需要较多的资料来准确描述流域各要素的空间异质性。但由于实测站点较少且站点分布不均匀，以往研究的参数率定工作主要集中在澜沧江下游，例如，HAN（2020）仅用下游2个水文站的数据来限制整个流域的水文参数，参数估计的不确定性不可避免地影响径流预测结果。BONNEMA（2019）尝试使用类SWOT卫星数据结合实测径流来率定整个湄公河的参数，但该研究没有考虑2个大型水库（即小湾和糯扎渡）对径流的影响。因此，针对澜沧江流域的水文模型参数优化的研究相对不足。

目前，澜沧江梯级水库流域径流重建研究存在2个难题：一是澜沧江干流规划开发15级水电站，水库调度过程中的径流过程伴随着不确定性；二是澜沧江能获取到的实测径流数据较少，有限的站点难以描述流域各要素的空间异质性。但是，遥感数据的发展，使得水库动态监测、资料稀缺地区水文模型参数优化成为可能，也为定量评估气候变化和水库调控对澜沧江径流影响提供了基础。

1.2.3 基于卫星对地观测的湖库动态监测研究进展

卫星测高技术的快速发展（测高卫星任务详见附表1），为监测湖库变化提供了补充手段，新一代卫星测高任务Jason-3与Sentinel-3的精度达到2 cm（JIANG et al.，2020a，2020b）。测高数据不断被应用到内陆湖库水位监测与分析、湖库水量动态评估和湖库流域水文模拟等研究当中。

水位是湖库变化最基础的水文要素之一。早期基于卫星测高技术的湖库监测的主要目的是探索测高数据在内陆大型水体的适用性（BIRKETT，1995）。随着测高数据的不断丰富以及数据分发多元化，基于测高数据的湖库监测研究越来越广泛。KRAEMER（2020）基于多源测高数据分析了全球200个湖泊1992—2019年的变化，并分析了其对全球变化的响应。老一代Topex/Posidon或ERS家族系列测高任务地面轨迹间隔较大（315 km或80 km），仅能观测有限的湖库。CryoSat-2使用漂移轨道，其地面轨迹密集（7 km），可以监测到众多湖库。例如，JIANG（2020a）利用Cryosat-2数据分析了青藏高原湖泊群过去10年的水位变化。CryoSat-2在提高空间采样密度的同时，牺牲了采样的频率，导致无法获取中小型湖泊月内尺度的水位动态。当前的星簇任务，如Sentinel-3A或Sentinel-3B，在保证准月尺度的时间重访周期的同时，提高了空间采样密度（54 km）。

测高数据被广泛用于湖库水量变化评估。SWENSON（2009）基于水量平衡法，利用多测高任务评估了全球第二大淡水湖——东非维多利亚湖的变化。由于单一测高任务的地面轨迹间距通常较大，大部分研究集中在个别或少数几个湖库的动态变化研究上。GAO（2012）利用MODIS影像和T或P系列测高数据，构建了全球34个大型水库的水位-面积曲线，进而估算水库的容积变化。WANG（2018）采用多源测高数据、几何遥感影像，利用测深积分法，估算了全球142个湖泊的储水量变化，进而评估了湖库对内陆流域总储水量的贡献。这一类数据集可以帮助加深对大尺度湖库变化行为的认识，还可以改进大区域水文模型中湖库的表达，测高卫星进一步丰富了多源卫星协同观测流域储水变化量。

湖库水量变化可以约束流域水文模型参数或评估水量平衡闭合和各组分变化情况。BISKOP（2016）利用遥感估算的湖泊水量变化作为校正对象，对青藏高原4个封闭湖泊的水文模型参数进行率定，进而评估了4个湖泊不同水量平衡组分的贡献。BAUER-GOTTWEIN（2015）通过构建水库上游水文模型，利用测高数据同化河道水流演进，进而约束模型参数，提高水库入流预报。

HAN（2020）利用测高估算的水库水量变化约束流域水文模型，进而估算水库下泄水量。另外，测高卫星过境点可被视为虚拟的水位站点，被用于流域水文模型率定（HULSMAN et al.，2020；KITTEL et al.，2018，2020）。

1.2.4　基于遥感与区域化方法的水文模型参数优化研究进展

水文模型将流域气象、土壤、植被和水文等特征要素离散化，可以较准确地描述水文物理过程（WU et al.，2014；徐宗学和程磊，2010）。水文模型参数的不确定性是水文模型径流不确定性的主要来源，因此在有测站流域，通常需要使用优化算法使模拟径流量和实测值尽可能接近，从而确定最优参数取值。然而，澜沧江能获取到的实测径流数据较少，有限的站点难以描述流域各要素的空间异质性。如何在测站匮乏流域优化水文模型参数，提高径流预报的准确性，是当今水文学的研究热点和面临的挑战。目前，较为常见的方法有2种：一是基于区域化方法间接传递水文模型参数；二是基于卫星对地观测资料多目标率定水文模型参数。

1.2.4.1　基于区域化方法间接传递水文模型参数

参数区域化方法将校准信息从监测流域转移到非监测流域。区域化方法主要分为2类：一类是基于空间邻近性的方法，寻找与无测站流域邻近的有测站流域；一类是基于物理相似性的方法，寻找与无测站流域有相同水文属性（土壤、地形、植被、气候等）的有测站流域。国际水文学会2003—2012年开展无资料流域水文模拟计划，其中区域化方法是该计划解决无资料地区水文模拟问题的基础方法，并取得了一些研究进展（HRACHOWITZ et al., 2013）。但是，测站密度或流域水文特征因子与未知参数相关性的强弱对区域化方法的模拟性能影响很大（RAZAVI et al., 2013；于瑞宏 等，2016；姜璐璐 等，2020）。

1.2.4.2 基于卫星对地观测资料多目标率定水文模型参数

卫星对地观测已经被广泛应用到水文模型径流预报的研究中，如提供卫星降水资料等气象驱动数据、DEM和土地覆被等多种下垫面信息以及河道虚拟站点水位、流域储水变化量、蒸散发和土壤湿度等水循环参数资料（杨大文 等，2018）。利用卫星对地观测数据来优化稀缺径流测站流域的水文模型参数，逐渐成为国际上水文模型参数优化的研究热点和前沿（VAN GRIENSVEN et al., 2012）。

目前，利用遥感土壤湿度和蒸散发等水循环参数资料来优化模型参数的研究相对较多（BABAEIAN et al., 2019；IMMERZEEL et al., 2008；KUNNATH-POOVAKKA et al., 2016；WANDERS et al., 2014）。例如，JIANG（2020c）选择了28个不受人类活动影响的流域，充分考虑模型输入、输出与模型结构对径流预报结果的不确定性影响，进一步探讨遥感蒸散发资料优化模型参数的性能，发现基于遥感资料的方法可明显地提高径流预报能力。随着卫星对地观测技术的发展和丰富，也有学者尝试使用卫星测高水位和GRACE总储水变化量来限制流域参数（BAUER-GOTTWEIN et al., 2015；DEMIREL et al., 2018；HUANG et al., 2020；JIANG et al., 2021；KITTEL et al.,

2018）。例如，KITTEL（2018）基于Cryosat-2河道测高水位、GRACE流域总储水变化量以及有限的流域径流测站数据模拟了刚果河的径流，通过对不同率定方案的比较，证明了对地观测在稀缺资料流域水文模拟应用中的价值。

总的来说，与直接利用径流单目标优化水文模型参数的方法相比，以遥感资料及实测径流作为多率定目标的方法可以提高流域径流模拟性能，尤其能体现空间上的连续性。然而在模型优化过程中，水文地理数据、目标函数和优化方法的选择都会对参数率定结果带来不确定性。所以，针对不同的流域需要选择切实可行的参数优化方法，例如遥感方法和区域化方法的结合方法。

1.3　　小　　结

综上，目前已经存在大量的变化环境下流域径流模拟、基于对地观测的湖库动态监测以及资料匮乏流域水文模型参数优化的研究，可以为澜沧江梯级水库动态监测、流域水文模拟参数优化以及天然和水库调控下的径流重建提供基础。在气候变化和水库调控的背景下，鉴于澜沧江重要的战略意义以及目前流域径流模拟研究存在的不足，本研究探索日益发展的卫星对地观测技术在地表水文要素观测方面的理论应用价值，将系统深入研究澜沧江所有梯级水库动态变化过程，结合对地观测与区域化方法优化流域水文参数，重建流域天然径流和水库调控下的径流，定量分析气候变化和水库调控对流域出口径流的影响以及对下游丰枯变化的水量控制效应，促进流域沿线各国在澜沧江-湄公河流域干旱补水和汛期防洪等水资源科学利用上达成共识。

第2章

研究内容

澜沧江是我国西南地区重要的跨境河流，发源于青藏高原，跨越青海、西藏和云南，经横断山脉，由云南流出国境。澜沧江上游的青藏高原高寒区是全球气候变化最敏感区域之一，流域生态和水文过程对气候变化的响应强烈，气候变化影响着水资源总量及其季节分配，对流域水资源利用、水电开发等方面产生复杂而深远的影响。

2.1 研究区概况

2.1.1 地理位置

澜沧江是我国西南地区的重要河流，发源于青藏高原，跨越青海、西藏、云南，经横断山区，由云南流出国境。澜沧江流域（21.15° ~ 33.82° N，93.88° ~ 101.85° E）形状呈条带形，呈现西北—东南走向，流域面积和河流长度分别为16.74万 km^2 和2 161 km。澜沧江下游称为湄公河。湄公河自北向南流经缅甸、泰国、老挝、柬埔寨和越南，最终汇入太平洋，是东南亚最长的河流。湄公河流域面积约63万 km^2，约占澜沧江-湄公河总流域面积的77.8 %［图2.1（Ⅰ）］。

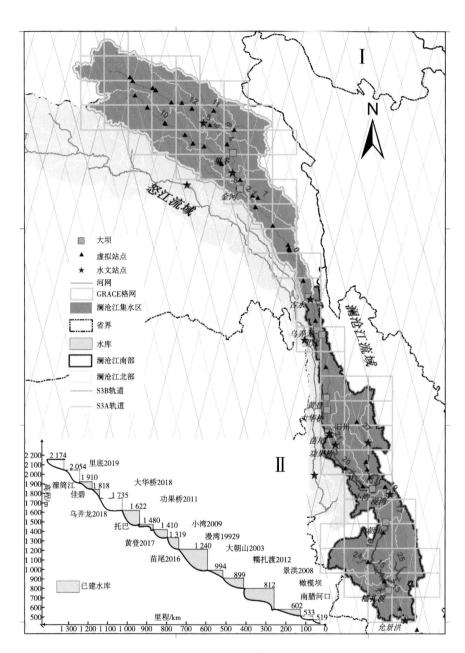

图2.1　研究区概况（Ⅰ）和梯级水库示意图（Ⅱ）

2.1.2　气候特征

澜沧江流域从河源到出境口，横跨寒带、寒温带、温带、暖温带和热带等多种气候带，主要受到季风环流影响，气温和降水呈现由北向南递增的规律。流域大部分地区降水在1 000 mm以上，最高超过2 500 mm，最低接近500 mm。流域南部降水量较高，多年平均降水量超过1 200 mm，中部多年平均降水量800 mm左右。而北部上游地区比较干旱，多年平均降水量小于800 mm，为400～800 mm。澜沧江流域干湿季节分明，降水量季节分配不均匀，5—10月为汛期，受西南季风影响，潮湿多雨；11月到翌年4月为非汛期，受东北季风气候影响，气温较低，并且旱灾为其主要的自然灾害。澜沧江流域内气候类型多样，年均气温为4.7～21℃，海拔每升高100 m，温度下降0.5～0.7℃。澜沧江流域气候存在暖干化趋势（汪伟，2017）。

2.1.3　水文特征

澜沧江流域水能蕴藏量丰富，是下游地区的"水塔"。其下游流经东南亚各国，径流量为760亿 m³（16%），对下游国家非汛期河道径流具有调节作用。澜沧江的径流补给形式以降水为主，地下水和山地融雪补给为辅。高原渗透作用较强，有较厚的草甸层和寒冻风化层，春季以冰雪融化和渗透补给为主，其余季节以降水和地下水补给为主。澜沧江下游径流主要受降水补给，径流的年内分配集中，汛期径流较非汛期多。旧州站以上地区，河川径流相对较小。旧州站以下地区受到西南季风降水的控制，年内和年际降水非均匀变化明显，并且支流大于干流，两岸支流较中游段发育，水网呈"树枝"形状分布。流域内大于1 000 km²的一级支流有14条，大于5 000 km²有4条。西藏与云南交界处的平均产水量为31.3 × 10⁴ m³/km²。云南的平均产水量为58.4 × 10⁴ m³/km²。澜沧江水资源分布不均匀，汛期水量占全年80 %，中游产水量较少，下游产水量较多。地下水补给占总水资源量的30 %，非汛期主要受到地下水和融雪补给（刘恒 等，1998）。

2.1.4　地形地貌特征

澜沧江发源于青藏高原中部青海杂多县唐古拉山脉北侧的查加日玛峰南坡，源区位于高原面上，地势较高但山势较为平缓，所以河谷较宽较浅，河床较为平坦，比降为3.4‰左右，海拔3 000 ~ 5 000 m。以昌都和功果桥水文站为界，可以将澜沧江划分为上游、中游、下游。中部流经横断山区，区域地形多为高山峡谷，海拔高差超过1 000 m，并且河谷较为狭窄，河床坡度大，复杂的地形导致中部区域内部降水分布较为复杂，海拔1 000 ~ 3 000 m。下游地区多为丘陵和盆地，海拔较低，地势趋于平缓，海拔多在1 000 m左右。总体来说，澜沧江上游、中游、下游自然环境差异显著，地势由北向南呈阶梯状下降趋势，地貌表现为高山峡谷相间（刘恒 等，1998）。

2.1.5　社会经济状况

澜沧江流域总人口为631.81万，耕地面积1 889.5万亩（1亩≈667 m²，全书同），工农业总产值217.7亿元，农业产值占53.9 %，工业产值占46.1 %，国民生产总值为218.6亿元。流域内人口密度为38.4人/km²，远低于全国平均水平。流域内云南人口最多，为485.8万人，人口密度为12.5人/km²。在人文社会方面，澜沧江流域为民族聚集地区，有傣族、白族、布依族、彝族等16个少数民族，各少数民族的风俗民情、宗教信仰各具特色，并与当地的自然环境背景融为一体。流域内水资源丰富，2007年云南澜沧江水资源利用率约为4.9%，由于水电开发工程的陆续完成，2018年澜沧江水资源利用率约为8.7%。2016年以来，我国不断推进澜沧江-湄公河合作和"一带一路"国际合作。初步统计，2017年中国与湄公河国家贸易总额达到2 200亿美元，同比增长16%，2018年达到2 614.86亿美元，同比增长18.86%，2019年1—10月贸易总额为2 294亿美元，超过2017年全年贸易总额。澜沧江-湄公河合作已经成为该地区最具有活力、最富有成果的合作机制之一，为地区经济社会发展提供了有力的支撑和更广阔的舞台。

2.1.6 水电开发情况

澜沧江干流水电基地是中国十三大水电基地之一，总装机容量21 460 MW，保证出力9 965.1 MW，多年平均发电量为1 094亿KW·h。澜沧江干流在云南规划开发15级水电站，上游按"一库七级"方案开发，中下游按"两库八级"方案开发［图2.1（Ⅱ）］，其中小湾、漫湾、大朝山、景洪、功果桥、糯扎渡等水电站已经建成投产，还有7个水电站已经获得国家发展和改革委员会同意开展前期工作的批复。详见附表2。

其中，中游的小湾水电站和下游的糯扎渡水电站调蓄能力较强，均为多年调节能力（龙瑞昊，2020）。小湾水电站处于功果桥水电站与漫湾水电站之间，位于我国云南临沧与大理、保山交界处。小湾大坝于1999年开始筹建，2010年竣工。小湾水电站是中下游梯级电站的"龙头水库"，同时是中下游河段水电开发规划8个梯级中的第2级。小湾大坝高达292 m，是世界上最高的混凝土坝，同时也是中国除三峡大坝外最大的水坝。小湾水库的总库容和可调节库容分别为149.14亿 m³和102.1亿 m³，年发电量高达190亿 KW·h。小湾水库的正常水位为1 240 m，死水位1 162 m，其水位落差60 m以上。小湾水库具有多年调节性能，小湾水库的调蓄过程能很大程度上影响干流梯级电站的总体调节能力和干流的径流。

糯扎渡水电站位于普洱和澜沧交界处，是澜沧江下游水电工程的核心。上游为大朝山水电站，下游为景洪水电站。糯扎渡水电站是澜沧江水电开发方案"两库七级"中的第2个大型、第5梯级水库，同时是下游水电工程的核心（雷凯旋，2020）。糯扎渡水库的总库容和可调节库容分别为227.41亿 m³和124亿 m³。糯扎渡大坝的坝顶高程为822 m，最大坝高为262 m，正常水位为812 m，死水位为756 m。糯扎渡水电站总装机容量为5 850 MW，保证出力为2 406 MW，多年平均发电量为239.12亿 KW·h。糯扎渡水库控制流域面积为14.47万 km²，多年平均流量为1 730 m³/s。糯扎渡水电站具有多年调节能力，糯扎渡水电站综合利用任务是以发电为主，兼顾灌溉、防洪、航运、生态、旅游业等任务。小湾水电站和糯扎渡水电站的调节能力要远远大于其他水电站，对径流的影响较大，所以本书主要针对糯扎渡水电站和小湾水电站调控对径流的影响进行研究。

2.2   研 究 方 案

2.2.1   研究目标

　　针对澜沧江流域空间异质性较大、气候变化响应敏感、梯级水库间相互关联与调控复杂、实测水文站点与水库建设不匹配等问题，探索日益发展的卫星对地观测技术在地表水文要素观测方面的理论应用价值，开展澜沧江梯级水库流域径流重建研究，揭示梯级水库动态变化过程以及变化环境下径流变化特征。具体目标包括：其一，揭示澜沧江梯级水库动态变化过程，阐明梯级水库蓄水策略及运行规则；其二，优化澜沧江流域水文参数，提高天然径流模拟精度；其三，重建水库调控下径流，定量分析气候变化和水库调控对流域出口径流的影响程度以及对下游丰枯变化的水量控制效应。

2.2.2   总体方案

　　选取澜沧江梯级水库流域为研究区，利用野外观测、卫星对地观测及水文模拟等技术手段，开展澜沧江流域梯级水库动态监测、流域水文参数优化及天然和梯级水库调控下径流重建等研究。本研究采取的总体技术路线如图2.2所示。

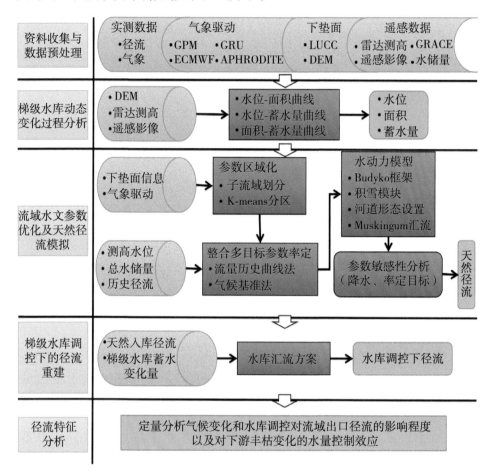

图2.2　研究总体技术路线

2.2.3　研究内容

　　基于卫星测高、遥感影像与高精度DEM等卫星对地观测数据，绘制不同梯级水库水位-面积关系曲线，动态监测澜沧江梯级水库的变化过程；基于区域化方法和站点实测径流、河道虚拟站点测高水位以及流域GRACE总储水变化量，构建整合多目标的模型率定方案，优化流域水文参数，重建天然径流。以此为基础，基于水量平衡构建梯级水库汇流方案，重建水库调控下径流。具体包括以下几方面工作。

2.2.3.1 资料收集与数据预处理

野外考察及测量。本研究组织了2次野外考察，选取具有桥梁的稳定河道断面，每间隔5 m，利用便携式差分GPS（SF-3040，水平与垂直误差分别为 ± 2 cm和 ± 1 cm）和便携式测深仪（SM-5，误差0.1 m）测量河道断面参数，绘制控制断面形状图，利用走航式流速仪（FlowQuest 2000型），在丰水季、枯水季测量控制断面流量，绘制水位流量关系曲线，结合自设水位观测数据，计算流量序列。在流域布设10套Oneset HOBO自记雨量温度计（降水与温度误差分别为 ± 1 %和 ± 0.47℃），在拉马登桥上下游布设2套Oneset HOBO自记水位计（误差 ± 4 mm）。

气象与水文站观测。流域分布有42个CMA气象观测站，日尺度气象数据从中国气象数据网免费下载。水文数据由云南水文资源局提供，收集到香达、昌都、溜筒江、旧州、功果桥、羊庄坪、戛旧以及允景洪8处水文站点月径流量资料（位置见图2.1），径流序列主要集中在2000年以前，部分水文站点收集到2000年以后数据，用于验证研究结果。

遥感对地观测数据收集。收集4套典型的遥感和再分析降水数据集（GPM、APHRODITE-2、CRU和ECMWF），基于CMA气象站点实测数据，综合运用相关系数、偏差以及均方根误差等指标评估4套气象数据集在研究区的适用性，分析流域主要气象要素时空变化特征，为模型驱动提供基础。收集土地利用和DEM等流域下垫面数据，为参数区域化提供基础。收集Sentinel-3雷达测高和GRACE重力卫星数据，为水文模型多目标率定提供基础。以上数据都可以从相应网站免费下载，其中土地利用数据可从中国科学院资源环境科学与数据中心下载。Landsat和Sentinel-1影像数据直接在GEE中处理。

2.2.3.2 澜沧江梯级水库动态变化过程分析

梯级水库面积变化分析。基于谷歌地球引擎（GEE），利用归一化差异水体指数（NDWI）和双极化阈值分割等方法提取Landsat光学影像和Sentinel-1合成孔径雷达（SAR）影像中水库的范围，构建梯级水库面积变化时间序列，分析各梯级水库面积变化特征。

梯级水库水位变化分析。基于Sentinel-3雷达测高卫星数据，结合水库面积变化范围，提取虚拟站点的水位，构建梯级水库水位变化时间序列，分析各梯级水库水位变化特征。

梯级水库蓄水量变化分析。基于SRTM（Shuttle Radar Topography Mission）数字高程模型，拟合梯级水库水位-面积关系曲线，构建梯级水库蓄水量变化时间序列。由于测高任务无法覆盖所有梯级水库，因此高程-面积关系用于验证测高拟合方法的可靠性。

梯级水库蓄水策略及运行规则分析。基于梯级水库水位、面积、蓄水量以及蓄水变化量的时间序列，分析梯级水库蓄水时间、蓄水周期及总蓄水资源量等指标，并分析干湿季节蓄水策略及运行规则。

2.2.3.3　澜沧江流域水文参数优化及天然径流重建

流域水文模拟驱动数据适用性分析。基于中国气象局（CMA）气象站点实测数据，综合运用相关系数、偏差以及均方根误差等指标评估 CRU、ECMWF、GPM 和 APHRODITE 4 套遥感和再分析气象数据集（降水和温度）在研究区的适用性，分析流域主要气象要素时空变化特征，为模型驱动提供基础。

流域水文参数区域化。基于 DEM 数据和 TauDEM 流域划分工具，结合大坝位置和实测径流站点位置设置兴趣点，划分子汇水区。基于流域土地覆被、高程等下垫面信息和降水、温度等气象信息，采用 K-means 聚类分析方法对子汇水区进行分类，同一类别子流域设置相同的水文参数，弥补实测站点稀疏导致的参数限制的问题。

整合多源遥感的模型率定方案。结合 Budyko 降水-径流模型和 Muskingum 汇流模块搭建流域水文-水动力模型。整合流量历时曲线（Flow Duration Curve，FDC）和气候基准法（Climatology Benchmark，CB），基于历史测站径流、河道虚拟站点测高水位和流域重力卫星储水变化量数据，开发基于遥感对地观测整合多目标的模型率定方案。

澜沧江天然径流重建。通过站点实测径流、河道虚拟站点测高水位以及流域 GRACE 总储水变化量 3 种不同率定目标的组合，构建多种不同的参数率定方案，比较不同方案径流模拟结果的优化效果，基于最佳率定方案重建天然径流。

2.2.3.4　澜沧江梯级水库调控下的径流重建及径流特征分析

澜沧江梯级水库调控下的径流重建。2.2.3.2 和 2.2.3.3 分别得到梯级水库的蓄水变化量和天然入库径流，基于水量平衡和Muskingum汇流构建梯级水库汇流方案，重建梯级水库调控下的出流。

变化环境对流域径流的影响。基于重建的流域天然径流序列和水库调控下的径流序列，定量评估不同时期气候变化对流域径流演变及年内分配特征的影响，定量分析每个梯级水库对入库径流的调节程度以及干湿季节调控差异，并分析随着梯级水库的增多对整个流域出口径流丰枯变化的调控效应。

2.2.4　关键科学问题

如何结合卫星测高、遥感影像与DEM等卫星对地观测数据，动态监测澜沧江梯级水库的变化，明晰梯级水库面积、水位、蓄水量变化过程以及蓄水策略与运行规则？

如何结合区域化方法和有限的站点实测径流、河道虚拟站点测高水位以及流域GRACE总储水变化量来优化澜沧江流域水文参数，提高天然径流模拟精度？

如何综合水量平衡和水库汇流方案等方法，重建水库调控下径流，定量揭示气候变化和水库调控对流域出口径流的影响以及对下游丰枯变化的水量控制效应？

2.3　小　结

本章主要从自然地理特征（包括地理位置、气候特征、地形地貌特征和水文特征）、社会经济状态和水电开发情况3个方面来系统描述澜沧江流域的状况。总体来说，澜沧江流域地形地貌复杂多样，自然环境差异显著，气候呈现暖干化趋势。澜沧江干流在云南规划开发15级水电站，上游按"一库七级"方案开发，中下游按"两库八级"方案开发。其中，小湾水库和糯扎渡水库的调节能力要远远大于其他的水库，对径流的影响较大。水库调度过程中的径流过程伴随着不确定性，限制了传统水文模型方法的应用。基于此，提出了本研究的研究目标、研究内容、总体方案以及拟解决的关键科学问题。

第3章

澜沧江流域梯级水库
动态变化过程分析

水位（Water Surface Elevation，WSE）和水面面积（Surface Water Extent，SWE）是反映水库动态变化的重要指标。了解水库动态变化是了解流域水循环的基础，对分析水库调度对径流变化的影响至关重要。雷达测高等遥感卫星和技术的发展与应用，为无资料地区或资料稀缺地区的水文模拟提供了数据基础。本章根据水库和水面面积的变化，建立了水位和水库储水量变化曲线，得到水库的储水量（库容）变化，该部分的研究为第4章流域水资源变化和第5章流域径流模拟提供了基础。

3.1　研究数据与方法

3.1.1　研究数据

3.1.1.1　Sentinel-3A/B SRAL雷达测高数据

Sentinel-3（哨兵3号）是欧洲航空局（European Union Aviation Salety Agency，EASA）和欧洲委员会（Council of Europe，EC）合作的卫星项目，该项目属于全球环境与安全监视计划（GMES），负责应对近实时的海洋、陆地、冰盖监测，规划监测时间超过20年。Sentinel-3利用了全新的观测技术，该卫星任务被设计成由2颗一样的卫星组成的星座，并飞行于同一条轨道上，相位相差180°。Sentinel-3A卫星于2016年2月16日发射，Sentinel-3B卫星于2019年3月发射。卫星轨道为太阳同步冻结轨道（每天绕行地球14+7/27圈），平均轨道高度为815 km，轨道倾角为98.6°，降交点地方时10：00，回归周期27 d，可提供全球覆盖数据。

Sentinel-3是第1个以SRAL（SAR Radar Altimeter）模式提供全球覆盖的卫星雷达测高任务，SAR高度计是带有冗余备份的双频率（C波段和Ku波段）星下点探测高度计载荷，是用于探测地表地形的核心载荷，对所有的地表物体提供其高度数据。SRAL载荷的设计很大程度上继承自Jason-2卫星上的Poseidon-3型高度计和Cryosat-2卫星上SIRAL高度计，它是由位于图鲁斯的法国Thales Alenia Space公司设计生产的。Sentinel-3配置了新型星载跟踪系统，即OLTC开环跟踪命令。OLTC是通过预设DEM来控制开环跟踪命令（LE GAC et al., 2019），即给定下垫面目标一个预设高程，根据预设高程来发射脉冲信号（信号接收的窗口范围为60 m），从而保证信号接收机能准确接收到水面返回的回波能量。在原则上，OLTC功能可以大大提高沿海地区和内陆水体的数据可用性，但星载预设DEM的静态性质可能会带来实际挑战。在2019年3月之前，Sentinel-3A在不同区域同时以开环和闭环模式（Closed-Loop Track Mode）运行，但对于2019年3月之前预定义的开环区域，只有有限目标（主要在法国）定义了先验高程。Sentinel-3B始终使用开环跟踪模式运行。Sentinel-3A和Sentinel-3B卫星雷达测高产品数据可直接从哥白尼开放访问中心下载得到（https://scihub.copernicus.eu/dhus/#/home）。本研究使用了Sentinel-3A和Sentinel-3B的Level 2产品的enhance数据集，该数据集包含了L1b级波形数据以及L2级20 hz标准参数数据。

3.1.1.2　JRC/Sentinel-1/GRAS水面面积数据

JRC全球地表水数据集（Global Surface Water Mapping

Layers，V1.2）以30 m的空间分辨率绘制了全球水体36年（1984—2019年）的水面面积时空动态图（PEKEL et al.，2016）。JRC全球地表水数据集采用从1984年3月16日至2018年12月31日3 865 618幅Landsat 5、Landsat 7和Landsat 8影像生成。使用专家系统将每个像素分别分类为水或非水，并将结果整理为2个时期（1984—1999年、2000—2018年）进行变化检测。JRC在全球范围内构成了非常有价值的长时间序列的地表水记录，但是对于小型水体和气候变化复杂地区（多云地区）存在许多异常值，这些异常值出现的重要原因有2点，一是Landsat 7卫星传感器存在损坏，二是由于JRC主要基于光学遥感影像，其结果受到云层的影响（BUSKER et al.，2019）。GSWE（Global Surface Water Explorer，GSWE）是EC联合研究中心在哥白尼计划框架内开发的全球水体数据搜索引擎，该引擎基于JRC全球地表水数据集。为了探索水体动态变化，该数据搜索引擎开发了一系列子数据集，如水体覆盖率、最大最小水体面积等。

Sentinel-1是全天时、全天候的雷达成像卫星，它是由EASA和EC针对哥白尼全球对地观测计划研制的首颗卫星，于2014年4月发射。Sentinel-1基于C波段采用4种成像模式（最高空间分辨率为5 m，幅宽400 m）来观测，其具有短重访周期、双极化和快速产品生产等特点。Sentinel-1是近极地太阳同步轨道卫星，其轨道高度约为700 km，重访周期为12 d（黄萍 等，2018）。SAR模式具有连续观测（白天、夜晚和各种天气）的优势，其不受云、冰雪覆盖等气候和下垫面条件影响，可以提供连续的质量较高的影像（数据获取来源：https://scihub.copernicus.eu/dhus/#/home）。Sentinel-1 SAR影像对于水体和地表形变具有很好的辨识性，并且由于其空间分辨率较高，被广泛用于水体面积提取研究与应用（BIORESITA et al.，2018，2019；HUANG et al.，2018；LÓPEZ-CALOCA et al.，2018）。

GRAS是DHI开发的一种融合光学和SAR影像提取的全球水面面积数据集，该融合算法集成了机器学习和逻辑回归等方法，使用了GLAD（Global Surface Water Dynamics from the Global Land Analysis and Discovery）作为训练数据，利用多指标作为模型输入标准来提取水面面积（PICKENS et al.，2020）。该数据集弥补了光学遥感受云等气候条件影响的局限，大大提高了水面面积数据的精度。丹麦DHI公司提供了2016—2020年小湾水库和糯扎渡水库的水面面积数据。

3.1.2　研究方法

（1）梯级水库测高水位提取。Sentinel-3是第1个以SAR模式提供全球覆盖的卫星测高任务，配置了新型OLTC开环星载跟踪系统，大大提高了探测内陆水体的能力。雷达测高计的基本原理是通过记录微波脉冲信号在发射机与地表反射物体之间的往返时间，计算星地之间的距离（R），基本原理及相关变量如图3.1（a）所示。结合卫星精密定轨获得卫星高程（h_sat），进而计算得到地表反射面的高程h，即$h=h\_sat-R$。由于测高计工作过程和微波传播过程中受到多种因素的影响，计算的星地间距比实际距离偏大，必须对其进行修正。这些修正项（$Corr$）主要包括电离层延迟修正（$iono\_corr$）、对流层干湿延迟修正（dry_trop_corr和wet_trop_corr）、固体潮修正（$earth\_tide$）、极潮修正（$pole\_tide$）等。最后，根据大地水准面改正量（N）转换椭球高（h），得到正高（H），具体计算公式如下。

$$H = h_{-sat} - \begin{pmatrix} R \\ +iono\_corr \\ +dry\_trop\_corr \\ +wet\_trop\_corr \\ +earth\_trop\_corr \\ +pole\_tide \end{pmatrix} - N \qquad （3.1）$$

虚拟站点（Virtual Station，VS）是测高卫星过境轨道和水面的交点。Sentinel-3在澜沧江有51个VS（图2.1）。高度计接收到的水面回波形状（前沿）和最大回波能量是判断数据有效性和质量的良好指标。本研究拟采用以下步骤对研究区的VS数据进行提取和评估［图3.1（b）］：步骤1，根据水体覆盖率数据筛选VS，剔除水体覆盖率低于10％的数据；步骤2，根据VS波形中值构造新

（a）

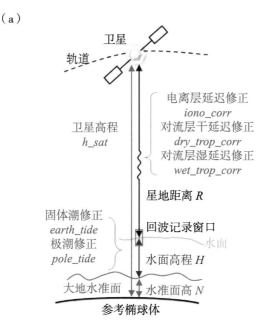

图3.1（a） 卫星测高原理

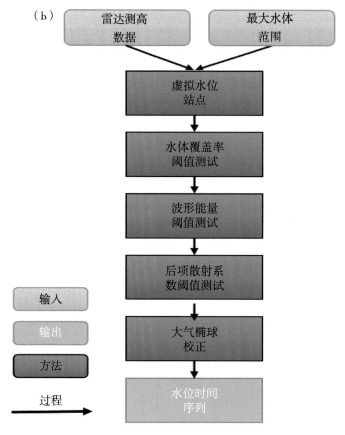

图3.1（b） 水位提取流程

的波形，设定最大回波能量阈值，去除噪音数据；步骤3，根据后向散射系数阈值进一步筛选VS；步骤4，最后使用式（3.1）构建各虚拟站点2016年至今的水位时间序列，分析水库水位变化规律。

（2）梯级水库面积提取。如图3.2所示，本研究拟采用GEE，基于Landsat遥感影像提取水库范围，首先基于BQA波段进行阈值测试，挑选质量较好影像，然后使用NDWI确定水体像元，最后建立水体范围序列。Sentinel-1 SAR影像具有连续观测、不受气候和下垫面条件影响的优势，拟使用双极化阈值分割法来提取水库范围补充Landsat影像由于多云和传感器损坏导致的数据缺失。最后，采用3套公开的水体范围数据库验证水库面积提取结果：其一，JRC地表水数据集提供了全球30 m空间分辨率的水体时空动态图；其二，GWSE（Global Surface Water Explorer）全球地表水搜索引擎提供了全球近30年来水体覆盖率、最大水体覆盖范围等数据；其三，GRAS是丹麦DHI公司开发的融合光学和SAR影像提取的高分

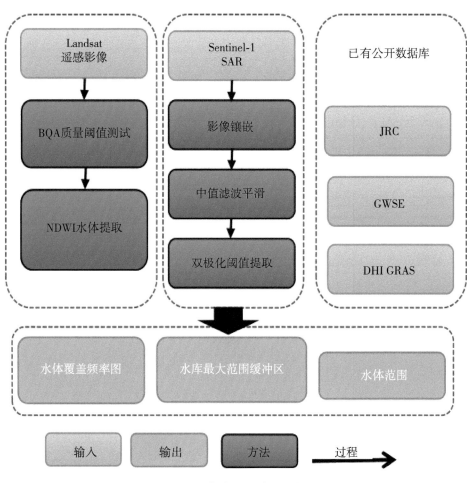

图3.2 水库面积提取流程

辨率（10 m）中国水体覆盖数据集。通过构建梯级水库2000—2020年的面积序列，分析各梯级水库建库前后面积变化、蓄水时间等指标。

（3）梯级水库蓄水量计算。拟使用MATLAB非线性拟合函数（Isq-nonlin）确定梯级水库的水位-面积变化曲线，根据最低水位给定h的初始值，然后迭代循环，直到各参数值达到收敛。

$$S(H) = a \times (H-h)^b \qquad (3.2)$$

$$\Delta V_t = \sum_{t-1}^{t} \frac{S_{t-1} + S_t + \sqrt{S_{t-1} \times S_t}}{3} \times \Delta H \qquad (3.3)$$

水库蓄水变化量ΔV_t使用式（3.3）计算得到。其中，S_{t-1}、S_t分别表示$t-1$时刻和t时刻的水库面积，ΔH表示$t-1$时刻和t时刻大坝位置的水位差。当$t-1$代表建坝前枯水位时，S_{t-1}近似于0，ΔV为水库蓄水量。由于Sentinel-3轨迹不能覆盖所有梯级水库，拟通过DEM建立水库地形高程和面积的关系。SRTM提供了全球30 m分辨率高精度的DEM，数据采集时间为2000年。拟通过图3.3的步骤计算各梯级水库的蓄水量：步骤1，分别确定最大水库面积位置和坝底位置的等高线；步骤2，在2根等高线之间根据1 m高程间隔，计算对应位置的面积；步骤3，利用式（3.2）拟合高程与面积的非线性曲线；步骤4，使用DEM拟合方法验证测高卫星拟合库容曲线方法的可靠性；步骤5，基于式（3.3）和遥感影像提取的水库面积序列计算蓄水量变化序列，使用双线性插值拟合蓄水变化量到天尺度，为水库调控下径流构建做准备；步骤6，分析梯级水库蓄水总量的变化。

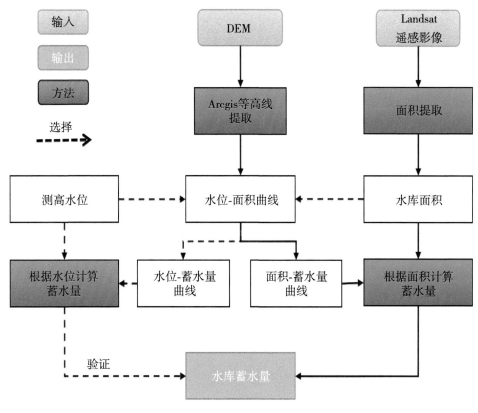

图3.3 水库蓄水量计算流程

3.2 / 梯级水库水面水位动态变化分析

Sentinel-3测高卫星在澜沧江流域共有虚拟站点51个。其中，Sentinel-3A虚拟站点数为24个，Sentinel-3B虚拟站点数为27个。图3.4展示了Sentinel-3虚拟站点波形和范围窗口表现的4种情况，第1

列表示虚拟站点的位置，第2列表示OLTC更新前后开环或者闭环模式下的波形，第3列表示OLTC更新后开环模式下的波形，第4列表示范围窗口的位置（其中绿色和蓝色阴影区域分别对应第2列和第3列波形的窗口位置，黑色和红色实线分别代表ACE2和Tandem-X），amsl是平均海平面的缩写。图3.4第1行表示Sentinel-3A在更新前为开环模式，但是无法捕捉有效信号，而在OLTC更新后的开环模式可以探测到有效信号。第2行表示Sentinel-3A在更新前闭环模式可以探测有效信号，但是更新后，OLTC没有定义先验高程时无法探测到有效信号。第3行表示Sentinel-3A在更新前闭环模式可以探测到有效信号，在更新后开环模式无法探测到有效信号。第4列表示更新前也为开环模式，并且能探测到有效信号，但是在更新后的开环模式却无法提供有效信号。波形的功率即最大波形能量通常指示反射的回波是否有效。有效信号比无效信号的能量强很多［图3.4（b）］，无效信号的本质上是背景噪音［图3.4（c）］。而范围窗口的位置证实了这一点，范围窗口［图3.4（d）中绿色带状区域］在2019年3月未更新前被放置得太高，换句话说，回波信号返回太早，传感器记录的都是背景噪音。而OLTC先验高程更新后，水面的位置刚好在范围窗口的范围内，所以能很好地探测到水面的回波信号，在这里更新前后都是开环模式，所以可以得出结论，合适的先验高程是获取有效信号至关重要的前提。当前的OLTC开环模式水文目标在很多地方无法提供有效的数据，尤其是水库区域。如图3.4第2行所示，范围窗口的位置太低而无法捕捉到波形的峰值［图3.4（g）］，而闭环模式成功探测到了水面信息［图3.4（f）］。但是，闭环模式并不稳定，有时数据是无效的、完全不可用的。同时更新后的OLTC存在水文目标未定义的情况，在这种情况下机载跟踪器使用沿地面轨道的上一个水文目标的高程作为该点的窗口范围，所以具有一定的偶然性，如果2个水文目标点之间地面起伏不大，则上一个点的先验高程在该水文目标点处同样有效。波形的前沿位置可以指示范围窗口的位置并判断其是否正确。

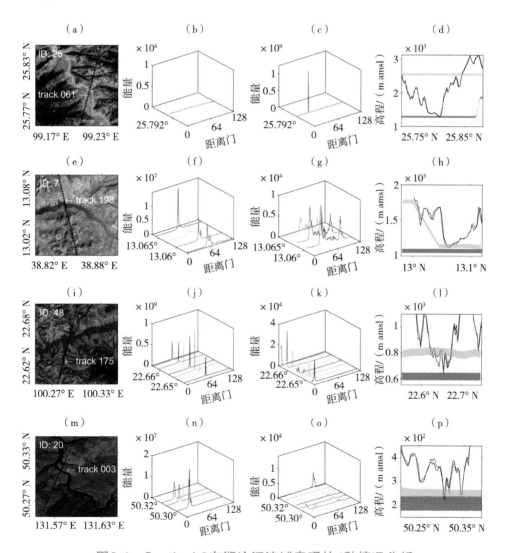

图3.4　Sentinel-3在澜沧江流域表现的4种情况分析

图3.4的第3行展示了波形前沿没有完全记录的情况，在该水文目标点，高度计在闭环模式下监测到水面［图3.4（j）］。但是在开环模式下，波形记录不完整，范围窗口捕捉到了水面位置，但是位置太低，接收器错过了波形的前沿。图3.4（i）可以看出，范围窗口和2套DEM（ACE-2和TanDEM-X）地形对应较好，但是由于大坝建设后水位急剧上升，因此原先的先验高程无法代表现在的水面位置，在这种情况下，仅回波的后沿被记录下来。同样，图3.4第4行表示了当前的先验高程下，高度计没有探测到水面信息，而在2019年3月以前，由于水库位置使用的闭环工作模式，高度计运行良好，提供了有效的数据，反而在更新后引入了错误的高程，不能监测到水库信息。总体而言，对于水库区域，由于水位的升高，大多数水文目标点的先验高程都偏低。此外，由于水位的季节性波动较大，静态的先验高程不能保证100％探测到水面位置，闭环模式虽然缺乏鲁棒性，但是在没有可用信息时，闭环模式也是一个不错的选择。针对目前OLTC存在的问题，本研究提出了4种更新OLTC先验高程的方法（Zhang et al.，2020），并提供了澜沧江流域更新后的OLTC先验高程，在最新发布的OLTC版本中得到更新，未来有望在流域获取到更多有效的水位信息数据。

图3.5展示了Sentinel-3在小湾水库和糯扎渡水库4个虚拟站点的表现，左侧白色圆圈表示Sentinel-3过境的虚拟站点，Sentinel-3数据相应的水位时间序列展示在右栏。可以看到在2019年3月之前，Sentinel-3以闭环模式运行，但是很好地捕捉到了水位变化，但是在当前的开环模式下，没有收集到有效数据，因为当前的开环模式的先验高程是基于水库建设以前的DEM。4个虚拟站点的

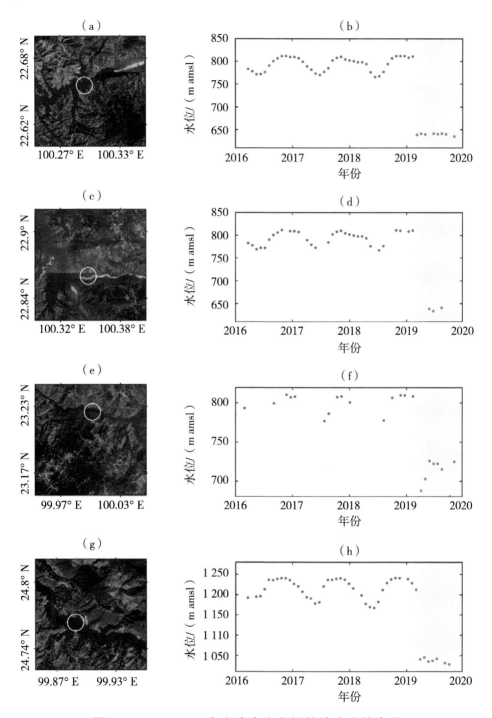

图3.5 Sentinel-3在小湾水库和糯扎渡水库的表现

年水位波动均超过50 m，而Sentinel-3的范围窗口范围仅为60 m。所以水库大坝建设之后，糯扎渡水库和小湾水库水位迅速提升，原始的DEM不能反映现在的真实水面位置。幸运的是，闭环模式很好地捕捉到了水面变化，根据闭环模式数据建立了2个水库的水位变化时间序列（图3.6），红色线为小湾水库，蓝色线为糯扎渡水库。小湾水库和糯扎渡水库水位存在明显的季节变化特征，小湾水库的水位变化范围为1 160～1 250 m，糯扎渡水库的水位变化范围为760～820 m。糯扎渡水库相对小湾水库的水位变化存在52天的延迟，这个延迟一部分是由于河道汇流延迟引起，一部分是由于水库调度引起。

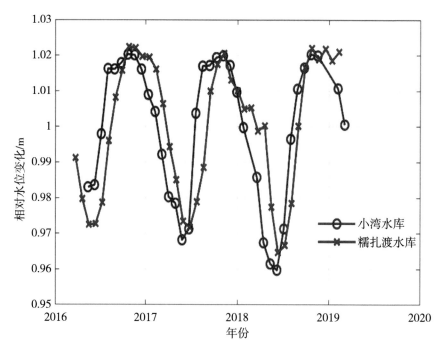

图3.6　基于Sentinel-3的小湾水库和糯扎渡水库相对水位变化时间序列

3.3 梯级水库水面面积动态变化分析

　　除了水位以外，面积是反映水库动态变化的另外一个重要指标。JRC提供了2000—2020年的小湾水库和糯扎渡水库的水面面积数据（图3.7），其中（a）为糯扎渡水库，（b）为小湾水库。从图中可以发现，在2009年之前，小湾水库的面积都在0.5×10^8 m²之下，并且呈现周期年际变化规律。在2009年由于小湾大坝建设完成运行，小湾水库开始蓄水，水面面积以2.3×10^4 m²/月的速度呈现稳步增长的状态，2016年开始呈现稳定的状态〔图3.7（b）〕。在2012年以前，糯扎渡水库的面积同样在0.5×10^8 m²之下，并且呈现周期年际变化规律，这时候为河流的天然径流状态。在2012年以后，糯扎渡水库建成蓄水，水面面积以3.6×10^4 m²/月的速度呈现稳步增长的状态，2016年开始呈现稳定的状态〔图3.7（a）〕。从图3.7也可以发现，JRC虽然可以提供长时间序列的面积数据，但是对于西南地区，尤其是小湾水库和糯扎渡水库等山区，气候变化复杂，云量将会严重影响光学影像的质量，另外加上Landsat 7传感器的问题，这些问题都导致了JRC数据结果存在一些异常值。JRC面积数据在小湾水库和糯扎渡水库都出现了极小值和突变情况，图3.7中红色虚拟线为JRC去除突变值后的水库水面面积变化情况。图3.7中蓝色实线是基于Sentinel-1 SAR影像提取的小湾水库和糯扎渡水库的水面面积月变化曲线，相对于JRC而言，Sentinel-1 SAR影像不受云的影响。本研究提取了2015—2020年的Sentinel-1

水库面积变化，结果表明，阈值提取法在Sentinel-1水面面积提取上表现较好，与JRC数据的季节性波动一致性较高。小湾水库在2015年以后，最小蓄水面积大于$0.5 \times 10^8\ m^2$，而其最大蓄水面积超过$1.5 \times 10^8\ m^2$。糯扎渡水库在2015年以后，最小蓄水面积大于$1 \times 10^8\ m^2$，而其最大蓄水面积超过$2 \times 10^8\ m^2$。糯扎渡水库的面积超过小湾水库近一倍。基于Sentinel-1的水库面积提取虽然结果较好，但是其结果受限于所取阈值的大小和影像质量，例如，风会导致水面波动而影响成像质量，从而影响水体提取结果（GULÁCSI et al.，2020；LIANG et al.，2020）。DHI基于光学影像和SAR影像，使用了机器学习和逻辑回归等融合方法，利用多指标作为模型输入标准来提取水面面积（PICKENS et al.，2020）。该数据集弥

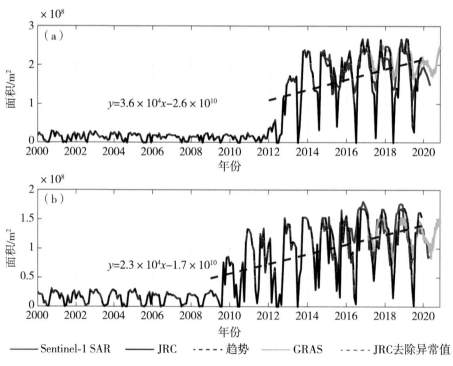

图3.7 基于JRC、Sentinel-1和GRAS的水库水面面积变化

补了光学遥感受云等气候条件影响的局限，大大提高了水面面积数据的精度。由于该算法有大量的训练数据，验证结果较好。如图3.7所示，3种水面面积数据具有相对较高的一致性，但是JRC和Sentinel-1阈值法的面积数据存在一定偏差，峰值和谷值的偏差较为明显。由于GRAS提供了更高的时间分辨率（每月有6次左右数据）和更可靠的结果，所以本研究以GRAS数据作为参考数据和后续水位-面积关系建立的输入数据。

3.4　梯级水库调蓄动态变化模拟与分析

　　水库水位和水库面积变化是反映水库动态变化的2个重要指标。基于Sentinel-3雷达测高数据，本研究分别获取得到了小湾水库和糯扎渡水库2016—2019年的水位变化。基于GRAS水面面积数据，本研究分别获取得到了小湾水库和糯扎渡水库2017—2020年的水面面积变化。基于水库水位和面积的变化，根据式3.2，分别建立了小湾水库和糯扎渡水库的水位-面积变化曲线［图3.8（a）~（b）］，2个水库的水位和面积均呈现很高的相关性，其中黑色虚线为水位和面积的非线性拟合线。GRAS的面积数据是对应到时刻的，每1个月有6个数据，所以本研究采用双线性插值的方法把该数据插值到每天。然后基于2个水库的非线性拟合水位-面积关系曲线得到2017—2020年对应面积天尺度上的水位。

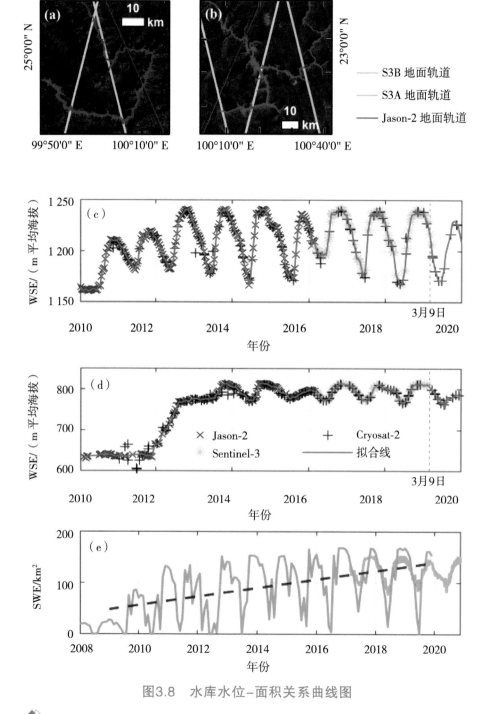

图3.8　水库水位−面积关系曲线图

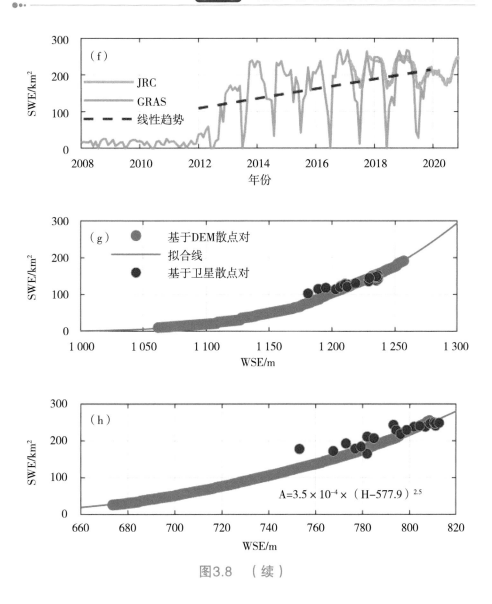

图3.8 （续）

通过对比Sentinel-3雷达测高水位数据和模拟水位数据发现，模拟结果具有较高的精度（相关性大于0.9）。进一步根据式3.3计算得到水库的水量变化，在该区域，根据水量平衡原理可知，水库的变化很大程度上代表了水储量的变化。如图3.9（a）~（b）

所示，红色实线是通过计算得到的小湾水库和糯扎渡水库储水量变化曲线，黑色实线为基于GRACE计算得到水储量变化，其中黑色虚线为缺测数据。结果表明，小湾水库和糯扎渡水库水量呈现出周期性变化。小湾水库最高水量变化出现在2017年汛期，增加最大月份高达 $5 \times 10^9 \, m^3$，小湾水库水量减少最多月份可达 $-2.5 \times 10^9 \, m^3$。糯扎渡水库水量增加最大月份可达 $4 \times 10^9 \, m^3$，水量减少最大月份出现在2018年，水量减少超 $-3 \times 10^9 \, m^3$。GRACE很好地捕捉到了水库的水量变化，模拟水库水量变化和GRACE水储量变化之间具有很强的一致性，这也为后续使用GRACE校正水文模型提供了理论依据。

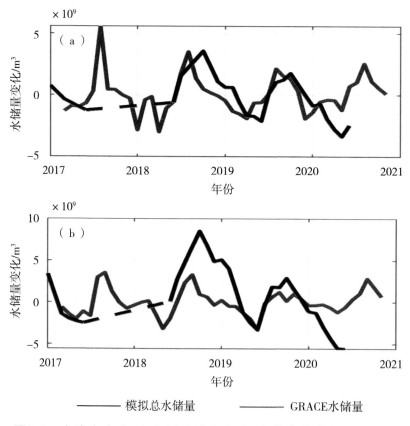

图3.9　小湾水库（a）和糯扎渡水库（b）蓄水量变化模拟结果

3.5 小 结

澜沧江流域规划开发15级水电站，水库水位和水面面积是研究水库动态变化的重要指标。本研究基于Sentinel-3雷达测高数据提取梯级水库水位，提取了小湾水库和糯扎渡水库的水位变化数据。结果表明，Sentinel-3 OLTC开环模式静态的先验高程由于水库水位波动不能很好地探测到水面信息，相反，闭环模式在水库具有较好的表现，针对此问题本研究提出了4种更新OLTC先验高程的方法，该方法有望使得Sentinel-3在该流域和全球范围获取得到更多有效的水体信息，为未来的雷达测高计划，例如SWOT等提供了很好的研究基础。基于Sentinel-1 SAR、JRC和GRAS等数据提取了水库水面面积。根据水库水位和水面面积的变化，建立了水位和水库储水量变化曲线，得到了水库的库容变化。结果表明，小湾水库和糯扎渡水库对流域水资源具有重要调控作用，小湾水库和糯扎渡水库水位存在明显的季节变化特征，小湾水库水量增加最大月份可达$5 \times 10^9 \, m^3$，水量减少最多月份可达$-2.5 \times 10^9 \, m^3$；糯扎渡水库水量增加最大月份可达$4 \times 10^9 \, m^3$，水量减少最大月份可达$-3 \times 10^9 \, m^3$。本章研究结果为第4章和第5章径流模拟实验的设计和实现提供了数据和理论基础。

第4章

澜沧江流域主要水文要素
时空变化格局及其响应分析

　　水循环是水量平衡的基础，了解流域的水循环过程对流域水资源管理、利用和开发具有至关重要的意义。传统的研究方法对了解整个流域的水储量变化并进行较为详细准确的分析具有较大的局限。而GRACE重力卫星的发展与应用，为深入了解流域水循环过程提供了技术和数据基础。对于一个流域而言，在一定时间段内，水量收入与水量支出之差原理上等于该区域的水储量变化，而对于大坝水库拦截的河流流域，其水量平衡过程更为复杂。本章基于GRACE重力卫星等对地观测数据，分析流域水储量变化趋势，并深入探索气候变化和水库建设对流域水储量变化的影响。

4.1　研究数据与方法

4.1.1　研究数据

4.1.1.1　气象数据

　　降水的时空分布特征有利于区域水资源规划和管理，同时对旱涝灾害预测以及生态环境治理都具有较高的价值（方勉 等，2020）。获取降水数据最直接有效的方法是通过地方监测，然后通过各种空间统计插值方法实现点到面的转化，但是其结果精度受到站点数量和插值方法的影响，尤其对降水空间分布影响较大。我国幅员辽阔并且地形复杂多样，有限的地面监测站点难以满足实际研究需求（邵颖 等，2014）。遥感技术和气象卫星的发展为研究降水提供了新途径，利用遥感数据和地面监测站点等数据进行同化反演，得到降水数据覆盖率广，并且具有较高时空分辨率，不受地形和气候条件限制，所以被广为应用（吕洋 等，2013）。本章评估4种不同降水数据在研究区的可用性，各降水数据信息如下（表4.1）。

表4.1 降水数据集基本信息表

降水数据	空间分辨率	时间分辨率	时期	类型	范围
CMA	—	d	1953—2020年	站点	中国
CMAGrid	0.1°	d	1961—2020年	插值	中国
GPM/IMERG	0.1°	d	2000—2020年	遥感	全球
APHRODITE-2	0.25°	d	1951—2015年	再分析	亚洲
CRU/CRUJRA	0.5°	d	1901—2019年	再分析	全球
ECMWF/ERA5	0.1°	d	1981—2020年	再分析	全球

中国气象局（China Meteorological Administration，CMA）是中国国家级别的气象行政管理部门（数据获取来源：http://data.cma.cn/）。实测数据经过质量控制，各要素数据的实有率超过99.9%，数据的正确率均接近100%。本研究用到的是逐月气象数据，其中包括区站号、经纬度、高程、逐月降水量、逐月平均气温、逐月平均最高气温和最低气温。研究区共有气象站点42个

（图2.1），详细信息见附表3。

中国地面降水日值0.5°×0.5°格点数据集（V2.0，CMA Grid）是基于国家气象信息中心基础资料专项最新整编的中国地面高密度台站（2 472个国家级气象观测站）的降水资料，利用ANUSPLIN软件的薄盘样条法（Thin Plate Spline，TPS）进行空间插值，生成1961年至最新的中国地面水平分辨率0.5°×0.5°的日值降水格点数据。该数据经交叉验证、误差分析，质量状况表现良好（赵煜飞 等，2015）。

IMERG（Integrated Multi-satellite Retrievals for GPM）是全球降水测量计划GPM（Global Precipitation Measurement）的三级融合产品（数据获取来源：https://gpm.nasa.gov/data/imerg）。其时间分辨率为30 min，空间分辨率为0.1°。该产品把其他卫星所有被动微波数据PMW（Passive Microwave）、地球同步轨道卫星红外数据和地面实测数据融合进了GPM。GPM是继TRMM（Tropical Rainfall Measurement Mission）之后新一代的全球降水卫星产品。GPM具有更高的精度和时空分辨率，GPM于2014年发射，运行速率为7 km/s，1 d可绕地球约16圈，轨道周期为93 min，观测范围为65° N ~ 65° S，能够提供基于微波3 h以内和基于微波红外0.5 h的降水产品。IMERG由于具有较高的精度，受国内外不少学者的关注。对IMERG在鲁南地区的精度进行了评估发现，IMERG探测准确率较高、空报率较低、临界成功指数较高且估算稳定性较强（李芳 等，2020）。对IMERG降水数据在沿海地区的适用性分析发现，IMERG降水数据对降水的时间变化规律和空间分布格局估测较为合理，但对山区、海岛地区降水估测还存在偏差（方勉 等，2020）。基于雅砻江流域及邻近地区28个地面气象站点资料，在不同时空尺度采用降水探测评价指标评价了IMERG数据，IMERG在汛期表现较好，随着降水数量的增加，数据的探测能力较弱（黄琦 等，2020）。本研究使用的是逐日平均降水数据。

APHRODITE（Asian Precipitation-Highly-Resolved Observational Data Integration Towards Evaluation）是由日本生成的唯一一套针对亚洲及周边地区的长时间序列逐日、高分辨率的网格化降水产品。该数据是由日本综合地球环境研究所和日本气象厅研究所（MRI/JMA）联合实施的一项计划，该计划基于实测雨量观测站数据，通过数据质量控制和降水地形校正等方法，使得数据质量相对较高，其空间分辨率为0.25°。APHRODITE是第一代降水数据集，时间序列年限为1951—2007年。APHRODITE-2是对老一代数据的更新，改善了极端降水的评估，但是由于项目经费问题，该数据只更新到2015年。APHRODITE-2降水数据集包含4个子数据集，分别描述了季风区（MA）、中亚（ME）、俄罗斯（RU）和日本（JP）的降水特征，覆盖了整个亚洲区域。本研究所使用的是其东亚季风区子数据集（数据获取来源：http://aphrodite.st.hirosaki-u.ac.jp）。该数据集在很多研究中被用来当作地面观测数据来评估其他降水数据的适用性或者被用来当作驱动数据模拟径流。从气候态、不同等级降水量分布以及长期变化等方面，通过与中国559个台站观测资料对比，考察了APHRODITE降水资料在中国地区的适用性，研究结果表明，APHRODITE降水强度偏小、降水频率偏大（周天军，2012）。利用APHRODITE作为融雪径流模拟的驱动数据（李兰海 等，2014），结果表明，APHRODITE降水数据能较好地模拟开都河流域融雪径流过程。在雅鲁藏布江流域多源降水产品评估及其在水文模拟中的应用研究中发现，APHRODITE降水在各个子流域中的降水要明显低于其他降水产品，但是与CMA降水量几乎吻合，以CMA站点插值的降水和APHRODITE网格降水总体低估了雅鲁藏布江流域实际降水（孙赫和苏凤阁，2020）。

CRUJRA 2.0.5提供了从1901—2019年全球尺度长时间序列的降水数据集，其空间分辨率为0.5°，时间分辨率为6 h。CRUJRA是基于英国东安格利亚大学CRU TS v4（Climate Research Unit）数据和新一代日本气象厅再分析数据JRA-55融合而成（数据获取来源：https://catalogue.ceda.ac.uk/）。HARRIS（2019）详细描述了构造CRU产品的插值和质量评估方法。采用6种评估指标综合评价CRU降水产品在中国对干旱事件时间性的监测效用，结果表明，CRU在中国空间分布特征具有较好的相似性，在大部分地区的精度较高，基于长序列CRU产品驱动可适用于中国东部、西北、西南地区的干旱监测（卫林勇 等，2021）。利用中国大陆地区地面监测降水资料，分别从季节、年际和年代际尺度对CRU降水数据进行了评估，CRU在青藏高原和其他较大的山脉附近与站点实测降水的差别较大，并且年均降水趋势在西北一带的阿尔金山脉、黄土高原、东南地区和长江下游地区，比实测降水的年均趋势小，甚至出现趋势相反的情况（王丹和王爱慧，2017）。除此之外，很多学者对CRU格点数据在不同区域不同尺度进行了评估，结果表明，CRU在揭示气候要素变化特征方面较为可靠（任余龙 等，2012；张东 等，2018；闻新宇 等，2006；黄秋霞 等，2013）。

ECMWF（European Centre for Medium-Range Weather Forecasts）再分析数据提供了全球的长时间序列的降水和气温数据。

ERA5是ECMWF全球气候大气再分析的第五代工具,发布于2016年。ERA5提供了一种新的数值描述,包含了对不同海拔地区的空气温度、压力和风力等大气参数以及降水、土壤含水量和海浪高度等地表参数的估值,空间分辨率为0.1°,时间分辨率为1 h,可获取数据时间为1981—2020年(数据获取来源:https://cds.climate.copernicus.eu/)。ECMWF被广泛用于降水预报中。对ECMWF降水数据在长江流域适用性进行了评估,结果表明,ECMWF对小量级的降水估计整体偏大,概率偏高;对大量级的降水估计频次偏少,概率偏低,ECMWF存在一定的系统性偏差(邱辉 等,2020)。评价ECMWF降水数据在长江流域的适用性,ECMWF模式降水分布带趋势、降水中心位置接近于实测降水,但预报降水量略偏大(周倩,2019)。基于ECMWF降水资料模拟洪安涧河流域的径流,结果表明,集合预报总体效果较好,但随着时间延长,径流集合预报出现偏大的现象和发散的趋势(刘惠敏,2017)。此外,使用ECMWF气温数据和其他降水数据作为驱动数据进行流域径流模拟的研究较多,例如,使用ECMWF的温度数据和TRMM降水数据对非洲的河流进行了模拟,并且模拟结果较好(KITTEL et al.,2018,2020)。

4.1.1.2 GRACE/GRACE-FO重力卫星总水储量数据

GRACE(Gravity Recovery And Climate Experiment)卫星是由美国国家航空航天局(National Aeronautics and Space Administration,NASA)和德国航空中心联合研发的。其主要采用2颗低高度(300~500 km)的近极地轨道卫星,通过精确定位和相互跟踪探测地球重力场变化。GRACE卫星能直接有效地对地表物质迁移进行长时间监测，并提供了全球的、统一的、均匀分布的、月尺度的总水储量变化（Total Water Storage Anomaly，TWSA）数据（TAPLEY，2004）。其空间分辨率0.25°，运行时间为2003—2020年。本研究使用3个不同数据处理中心提供的5套GRACE数据（数据获取来源：https://grace.jpl.nasa.gov/data/）：其一，CSR（Center for Space Research at the University of Texas，Austin）、GFZ（Geo Forschungs Zentrum Potsdam）和JPL（Jet Propulsion Laboratory）3套球谐波系数数据（空间分辨率1°）；其二，JPL发布的RL06 Mascons（Mass Concentration Blocks，Version2）月数据产品（空间分辨率0.5°）；其三，CSR发布的Mascons月数据产品（空间分辨率0.5°）。Mascons将GRACE和GRACE-FO（Gravity Recovery and Climate Experiment Follow-On）任务使用更简单和更严格的解决方案相融合（WATKINS et al.，2015；WIESE et al.，2016）。Mascon数据集提供了一组乘法增益因子，可用于补偿中小型盆地中小规模质量变化衰减（JING et al.，2020；LONG et al.，2020）。本研究通过增益因子对原始Mascons进行了转换。GRACE数据缺失一些月份，尤其是2017年6月到2018年6月由于新旧卫星任务的更换。自GRACE问世以来，利用GRACE重力卫星数据结合雷达测高数据、实测地下水水位数据、气象数据等数据分析全球和区域尺度水储量变化的研究取得重要进展（LANDERER et al.，2012；RICHEY et al.，2015；SCANLON et al.，2018；TAPLEY et al.，2004）。通过水量平衡原理，GRACE数据也被广泛用于水文要素的研究中。例如，可以通过水量平衡方法结合GRACE、径流和降水等其他一些辅助数据计算区域蒸散发（BILLAH et al.，2015；BORONINA et al.，2008；

LONG et al., 2014；MORROW et al., 2011；PAN et al., 2017；李爱华 等，2017）。另外，利用GRACE来率定水文模型也得到了较大发展（Jing et al., 2020；Kittel et al., 2018，2020）。

4.1.1.3 GLDAS/MERRA-2土壤水分数据

GLDAS 2.1（The Second Version of Global Land Data Assimilation）卫星是NASA戈达德地球科学数据信息和服务中心开发的第二版全球陆地同化数据（MO et al., 2016）。GLDAS 2.1数据提供2000—2020年的土壤水分数据，空间分辨率为0.25°×0.25°。已有相关实验表明GLDAS模型在估算土壤含水量上的有效性（SPENNEMANN et al., 2015；ZAITCHIK et al., 2010）。

MERRA-2（The Updated Version of the Modern-Era Retrospective Analysis for Research and Applications）是由NASA全球建模与同化办公室制作的卫星时代全球大气再分析数据集最新版本（GELARO et al., 2017）。MERRA-2数据提供1980—2020年的土壤水分数据，空间分辨率为0.65°×0.50°。REICHLE（2017）评价了MERRA-2在地表水文应用中的适用性。为了保持2套土壤水分数据的空间一致性，MERRA-2采用双线性插值成0.25°×0.25°空间分辨率。

4.1.2 研究方法

4.1.2.1 气象数据评价

（1）相关系数R。相关系数又称为皮尔逊相关系数，最早由皮尔逊设计的统计指标，是研究变量之间线性相关程度的量。本研究通过计算不同遥感和再分析降水数据与实测降水数据的相关系数，以其作为降水适用性评估的一项指标。其计算公式如下：

$$R = \frac{\sum_{n=1}^{n}(X_{Res,\,i} - \overline{X_{Res}})(X_{Obs,\,i} - \overline{X_{Obs}})}{\sqrt{\sum_{n=1}^{n}(X_{Res,\,i} - \overline{X_{Res}})^2}\sqrt{\sum_{n=1}^{n}(X_{Obs,\,i} - \overline{X_{Obs}})^2}} \qquad (4.1)$$

式中，$X_{Res,\,i}$和$X_{Obs,\,i}$分别表示遥感、再分析降水数据和观测站点降水数据，$\overline{X_{Res}}$和$\overline{X_{Obs}}$分别表示表示遥感、再分析降水数据和观测站点降水数据的平均值。

（2）偏差BIAS。偏差又称为表观误差，在本研究中为遥感或再分析降水数据与气象观测站点平均降水之差，它可以用来衡量遥感和再分析降水数据与真实值之间的精密度高低。本研究把偏差作为降水适用性评估的一项指标。其计算公式如下：

$$BIAS = \frac{\sum_{n=1}^{n}(X_{Res,\,i} - X_{Obs,\,i})}{n} \qquad (4.2)$$

式中，$X_{Res,\,i}$和$X_{Obs,\,i}$分别表示遥感或再分析降水数据和观测站点降水数据，单位为mm。

（3）均方根误差RMSE。均方根误差也称作标准误差，均方根误差也可以用来衡量不同降水数据与观测站点之间的偏差。本研究把均方根误差作为降水适用性评估的一项指标。其计算公式如下：

$$RMSE = \sqrt{\frac{\sum_{n=1}^{n}(X_{Res,i} - X_{Obs,i})^2}{n}} \qquad (4.3)$$

式中，$X_{Res,i}$ 和 $X_{Obs,i}$ 分别表示遥感、再分析降水数据和观测站点降水数据，单位为mm。

（4）Q-Q图。Q-Q图（Quantile-Quantile Fractile Plot）通过把多源降水数据的分位数和监测站点降水数据分布（作为参照分布）相比较，从而检验数据的分布情况。其计算过程为先计算Q-Q序列，样本均值和标准差分别为：

$$\bar{x} = \frac{\sum_{i=1}^{N} xi}{N} \qquad (4.4)$$

$$\sigma = \sqrt{\frac{\sum(xi - \bar{x})^2}{N-1}} \qquad (4.5)$$

分位数 Q_i 计算方式如下，最后通过正态分布表可以查得 t_i 对应的分位数 P_i：

$$Q_i = \frac{xi - \bar{x}}{\sigma} \qquad (4.6)$$

$$t_i = \frac{i - 0.5}{N} \qquad (4.7)$$

Q-Q图是一种散点图，气象站点降水数据分布的分位数为横坐标，遥感降水数据分位数为纵坐标的散点图（附图1和附图2）。要利用Q-Q图鉴别样本数据是否近似于实测数据的样本分布，只需看Q-Q散点图呈现线性，图形是直线说明是遥感数据与实测数据呈现相似分布，而且该直线的斜率为标准差，截距为均值。如果Q-Q图是直线，当该直线成45°角并穿过原点时，说明2种数据的分布完全一样；如果是成45°角但不穿过原点，说明遥感降水和实测降水的均值不同；如果是直线但不是45°角，说明均值与方差均不同。Q-Q图可以用来作为评价降水数据的一个很好的指标，本方法可以通过MATLAB中qqplot函数实现。

4.1.2.2 GRACE数据处理

（1）GRACE原理及数据处理。地球表层及内部物质的空间分布、运动和变化，以及大地水准面的起伏和变化能通过地球重力场及其时间变化反映出来（许厚泽和周旭华，2005）。GRACE采用双星精密跟踪定位（精度3 cm），利用星载K波段星间测量系统基于差分原理实时测量处于同一轨道高度（轨道高度500 km）的2颗相距220±50 km共轨双星的距离变化率（1 μm/s）（许厚泽 等，2011）。GRACE利用时变重力场球谐系数反演地表质量变化，给定球谐展开系数（称作位系数），就能确定地球的重力场。地表质量变化用等效水高表示，如式4.8所示（崔立鲁 等，2019；崔立鲁和朱贵发，2015）：

$$\triangle H(\theta\lambda) = \frac{\alpha\rho_{ave}}{3\rho_w}\sum_{l=0}^{\infty}\frac{2l+1}{1+k_l}W_l\sum_{m=0}^{l}\overline{P}_{lm}(\cos\theta)W_m \times$$

$$[\triangle\hat{C}_{lm}\cos(m\lambda)+\triangle\hat{S}_{lm}\sin(m\lambda)] \tag{4.8}$$

式中，$\triangle H$为地表质量变化引起的等效水储量变化的水柱高度变化量，λ为地心经度，θ为地心余纬，α为地球平均半径

（6 371 km），m为次数，l为阶数，W_m和W_l分别为与重力场次、阶相关的平均核函数，ρ_w为水在液态时候的密度（1 000 kg/m³），ρ_{ave}为地球平均密度（5 517 kg/m³），$\overline{P}_{lm}(\cos\theta)$为规格化缔合勒让德函数，$k_l$为勒夫数，$\triangle\hat{C}_{lm}$与$\triangle\hat{S}_{lm}$为重力场球谐系数相对于一段时间均值的变化值（崔立鲁 等，2020）。

在使用Mascon数据集之前，需要把原始数据乘以增益因子，目的是为了补偿中小型盆地中小规模质量变化衰减。Mascons数据缺失一些月份，从2004年1月至2017年6月存在17个月的缺失，2017年6月至2018年6月由于新旧卫星任务的更换没有数据，另外2018年6月至2020年12月存在2个月的缺失。可以引入LB（Lagrange Barycentric）插值器来插值缺失值，LB插值器基于式4.9和式4.10：

$$L(t) = \sum_{j=0}^{k} y_i \times l_j(t) \tag{4.9}$$

$$l_j(t) = \prod_{i=0,\, i\neq j}^{k} \frac{t-t_i}{t_j-t_i} \tag{4.10}$$

式中，$L(t)$代表t时刻的插值数据，k为用来插值的原始数据的数量（k=3代表使用最邻近的3个数据进行插值），$l_j(t)$是拉格朗日基本多项式。

（2）线性倾向估计。气温和降水的线性倾向估计可以通过建立各变量的一元线性方程得到，具体公式如下：

$$y = ax + b \tag{4.11}$$

式中，y表示各水分量，a和b分别表示回归常数和回归系

68

数，其中*b*代表变量的趋势倾向。*b*<0表示变量随时间的增加呈减少趋势；*b*>0则相反。GRACE揭示了每月的总水储量变化，因此首先要去除总水储量变化序列的季节性，然后计算其变化趋势（ANDREW et al.，2017）。学者们提出的去季节性趋势的局部回归法是一种通用的并具有鲁棒性的分解时间序列法（Seasonal Trend Decomposition Using Local Regression，TLR）（CLEVELAND et al.，1990；LU，2003；SCANLON et al.，2018）。TLR方法是将时间序列分解为趋势项（Trend Component）、季节项（Seasonal Component）和余项（Remainder Component）的过滤过程。该方法的核心是局部加权回归（Local Weighted Regression，LOWESS），该平滑方式可以直接处理缺失值和去季节性趋势，详情参照（RODELL et al.，2018）。

$$T_{total}=T_{trend}+T_{seasonal}+T_{residual} \tag{4.12}$$

4.1.2.3 主要水文要素计算

水量平衡是水文现象和水文过程分析研究的基础，也是水资源数量和质量计算及评价的依据。对于一个流域而言，在一定时间段内，水量收入与水量支出之差原理上等于该区域的水储量变化。海洋上，蒸发大于降水，其差值作为内陆水体的来源；大陆地区，降水大于蒸发，其差值为径流量。对于澜沧江流域，其水量平衡过程参考图4.1，可以用式4.13至式4.15表示。

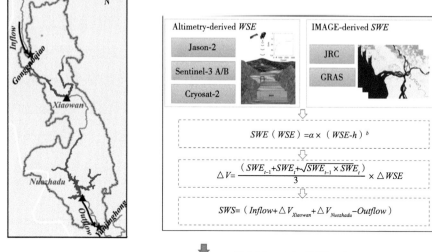

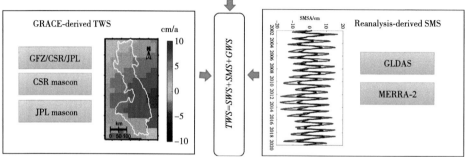

图4.1　澜沧江下游水文要素计算方案

$$TWS=SWS+SMS+GWS \tag{4.13}$$

$$SWS=Inflow+\triangle V_{xiaowan}+\triangle V_{nuozhadu}-Outflow \tag{4.14}$$

$$GWS=TWS-SWS-SMS \tag{4.15}$$

式中，TWS代表流域总水储量，SWS代表地表水储量，SMS代表土壤水储量，GWS代表地下水储量。各水分量的获取方式如下：其一，月TWS通过5套GRACE数据集平均得到；其二，SWS

通过入流$Inflow$加上小湾水库$\triangle V_{xiaowan}$和糯扎水库$\triangle V_{nuozhadu}$的水量变化减去出流$Outflow$得到。径流数据通过实测水文站点获取，$\triangle V_{xiaowan}$和$\triangle V_{nuozhadu}$由3.4节计算得到；其三，SMS通过GLDAS和MERRA-2平均得到；其四，GWS通过总水储量减去SWS和SMS得到。TWS、SWS、SMS和GWS的单位均为cm。径流的单位是m^3，通过除以流域面积转换为等效水深，单位为cm。本章用到的所有数据见附表4。

4.2 流域主要气象要素时空变化特征

4.2.1 遥感降水数据的适用性评估及其时空变化特征

本研究建立了CRU、APHRODITE、ECMWF和GPM 4种遥感、再分析降水数据与42个气象站点月均和年均降水分布的Q-Q图（附图1、附图2）。图中，蓝色线为1∶1趋势线，红色线为拟合线，横轴和纵轴分别表示遥感、再分析降水数据集与实测站点降水数据集的分位数。1∶1趋势线在拟合线的上方表明降水数据集的月均降水量要高于实测降水量，1∶1趋势线在拟合线的下方表明降水数据集的月均降水量要低于实测降水量。从月均降水Q-Q分布图可以发现（附图1），4种数据集与实测数据均呈线性分布，即4种降水数据集均与实测降水呈相似分布。但是，ERA5明显偏离了1∶1趋势线，ERA5表现出明显的高估。CRU、

APHRODITE和GPM表现较好，其中GPM的降水分布也表现出略微的高估。这种差异在年均降水Q-Q分布图上表现得更为明显（附图2），导致这种分布差异的主要原因是由于CRU和APHRODITE是实测气象站点插值数据，所以在站点位置和实测数据表现出很强的一致性。但是对于空间上来说，降水在地形复杂的山区具有较大的异质性，而稀疏的气象站点在很大程度上只能保证气象站点周围地区的小范围内的降水资料具有一致性。单从Q-Q分布规律上来看，CRU、APHRODITE和GPM在流域的表现要明显好于ECMWF降水。

表4.2是4种降水数据集与气象站点实测降水数据集之间的统计信息表。其中，APHRODITE、CRU、ECMWF和GPM月均降水与气象站点实测降水的相关系数分别为0.948 9、0.860 2、0.881和0.937 3；年均降水相关系数分别为0.834 2、0.600 5、0.591 8和0.805 7，APHRODITE和GPM相关系数明显大于CRU和ECMWF。APHRODITE、CRU、ECMWF和GPM月均降水与气象站点实测降水的偏差分别为-2.547 6 mm、1.257 4 mm、52.358 6 mm和6.836 3 mm；年总降水偏差分别为-30.638 3 mm、14.589 4 mm、626.300 5 mm和83.914 6 mm。APHRODITE、CRU、ECMWF和GPM月均降水与气象站点实测降水的均方根误差分别为24.712 8 mm、39.991 6 mm、73.514 7 mm和33.169 8 mm；年总降水偏差分别为139.965 5 mm、221.023 2 mm、663.614 8 mm和216.272 1 mm。从偏差和均方根误差可以看出，APHRODITE降水在月尺度和年尺度均低估，而CRU、ECMWF和GPM降水在月尺度和年尺度均高估，其中ECMWF高估明显，GPM偏差略大于CRU，而均方根误差略小于CRU降水数据集。

表4.2 基于气象站点评估4套降水数据集的表现

产品	R		BIAS/mm		RMSE/mm	
	月	年	月	年	月	年
APHRODITE	0.948 9	0.834 2	−2.547 6	−30.638 3	24.712 8	139.965 5
CRU	0.860 2	0.600 5	1.257 4	14.589 4	39.991 6	221.023 2
ECMWF	0.881	0.591 8	52.358 6	626.300 5	73.514 7	663.614 8
GPM	0.937 3	0.805 7	6.836 3	83.914 6	33.169 8	216.272 1

注：R表示相关系数；BIAS表示偏差；RMSE表示均方根误差。

附图3为4套降水数据与42个气象站点相关系数、偏差和均方根误差统计信息在空间上的分布图，其中，圆形和三角形分别代表月尺度和年尺度下的统计信息。除ECMWF降水数据之外，其余3套数据在上游青藏高原地区都表现为不同程度的低估，其中CRU和APHRODITE低估较为明显，GPM略微低估。而ECMWF在整个流域呈现高估的表现。从降水的时间序列变化图也可以很清楚地看出（附图4），ECMWF的年总降水量要远远高于其他3套降水数据和气象站点实测降水数据，从月均降水时间序列也可以看出，ECMWF在干湿季节均明显高估。CRU、APHRODITE和GPM均能很好地捕捉月尺度的降水变化趋势。

总体来看，ECMWF降水在流域明显高估，CRU、APHROD-ITE和GPM在流域均能很好地捕捉到月尺度降水变化，但是APHR-ODITE和CRU在流域上游青藏高原地区存在低估的情况。GPM与实测降水月尺度相关系数达到0.937 3，其月尺度的偏差为6.836 3 mm，GPM降水在澜沧江流域表现较好。另外，GPM具有较高的空间分辨率（0.1°）且数据实时更新，APHRODITE目前只更新到2015年，CRU的空间分辨率为0.5°。CMAGrid降水数据由CMA实测气象站点插值而来，其与实测站点降水数据一致性较高。所以，本研究将选取GPM遥感和CMAGrid实测2种降水数据集作为水文模型的驱动数据，进而分析降水数据对水文模拟结果影响的不确定性（详见第5章）。

以溜筒江水文站为界（海拔2 000 m），把流域分为上游（LRNB）和下游（LRSB），该分区将有利于GRACE重力卫星数据在流域水文模型率定过程中的应用，在第5章将详细介绍原因。基于GPM的澜沧江流域降水空间分布图可以看出（图4.2，图中黄

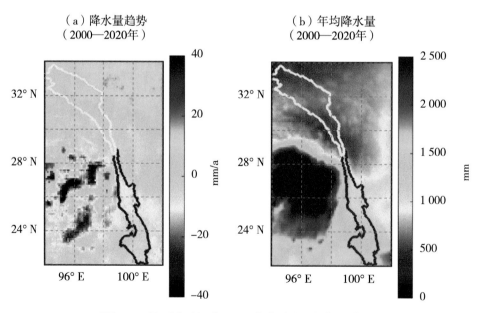

图4.2　澜沧江流域GPM降水空间分布示意图

色边界为流域上游，红色边界为流域下游），流域上游年均降水量为500～800 mm，下游年均降水量为1 000～1 800 mm，下游降水要多于上游。2000—2020年降水量变化趋势图可以看出，澜沧江流域降水整体呈现减少趋势，下游降水的减少速度要快于上游。

4.2.2　气温的时空变化特征

ECMWF能够提供实时更新的、较长时间序列的、空间分辨率较高的温度数据，并且已被广泛用于水文模拟当中（KITTEL et al.，2018，2020）。另外研究表明，径流对气温变化不敏感，对降水的变化十分敏感。本研究采用ECMWF的2 m的温度预报数据作为模型驱动数据，本节将分析基于ECMWF数据的澜沧江流域气温的时空变化特征（图4.3）。流域上游年平均温度约为-5℃，下游年平均温度约为21℃［图4.3（a）］。整个流域气温呈现升高的趋势，上游地区平均气温以0.06℃/a的速度升高，下游气温以0.03℃/a的速度升高［图4.3（b）］。流域最高气温也呈现升高的趋势，下游升温速度快于上游［图4.3（c）］。而流域最低气温表现出相反的趋势［图4.3（d）］，上游最低气温升高明显，部分地区最低气温升温速率超过0.2℃/a，下游最低气温表现出降低的趋势，部分地区降温速率超过-0.2℃/a。总体而言，澜沧江流域呈现变暖的趋势，而上游青藏高原地区变暖速率高于下游地区。

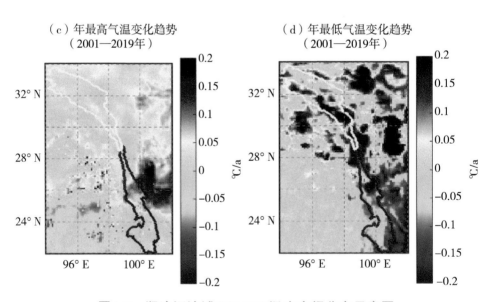

图4.3　澜沧江流域ECMWF温度空间分布示意图

流域主要水文要素时空变化格局及其响应分析

4.3.1　总水储量变化分析

小湾水库和糯扎渡水库分别于2010年和2012年建成运行，小湾水库的总库容和可调节库容分别为149.14亿 m³和102.1亿 m³，糯扎渡水库的总库容和可调节库容分别为227.41亿 m³和124亿 m³，小湾水库和糯扎渡水库的调节能力要远远大于其他的水库，对下游水储量的变化影响较大（附表2）。

本研究分别提取了小湾水库和糯扎渡水库子集水区（澜沧江下游流域）、澜沧江流域以及湄公河流域的TWSA变化时间序列，结果显示（图4.4、表4.3）：3个区域总水储量均呈现周期性波动，澜沧江流域水储量波动范围为-10～10 cm，并且变化较为规律，呈现逐渐稳定下行趋势。下游水储量波动较大，远远超过澜沧江流域水储量变化，波动范围为-20～20 cm。下游水储量变化存在明显的分界点，2002—2009年，小湾水库和糯扎渡水库子集水区的TWSA呈现轻微的上升趋势，而澜沧江流域（-2.21 cm/a）和湄公河流域（-8.65 cm/a）则表现出明显的下降趋势（$p<0.05$）。2010—2019年，湄公河流域的TWSA呈现减少趋势（-2.48 cm/a），而澜沧江下游流域（8.96 cm/a）和澜沧江流域（1.85 cm/a）均呈现上升趋势。2002—2019年，澜沧江下游流域呈现明显的上升趋势（2.95 cm/a），而澜沧江流域（-1.4 cm/a）和

湄公河流域（−3.36 cm/a）均呈现明显的下降趋势。

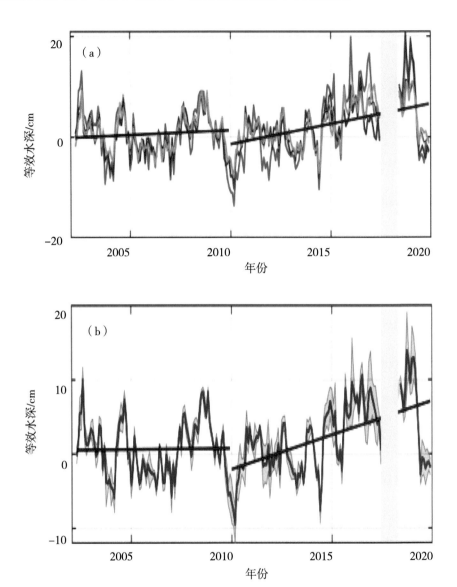

图4.4　5套GRACE数据反演得到的总水储量变化时间序列

注：（a）和（b）澜沧江下游流域；（c）和（d）澜沧江流域；（e）和（f）湄公河流域。

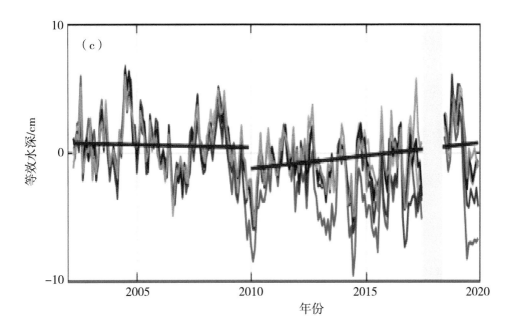

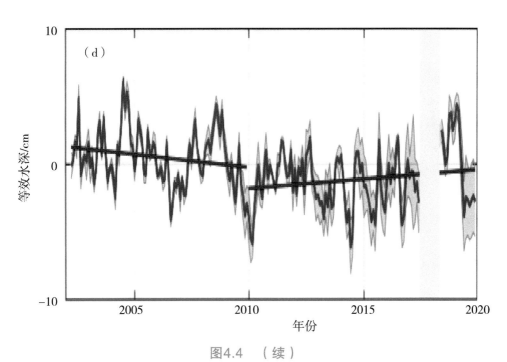

图4.4   （续）

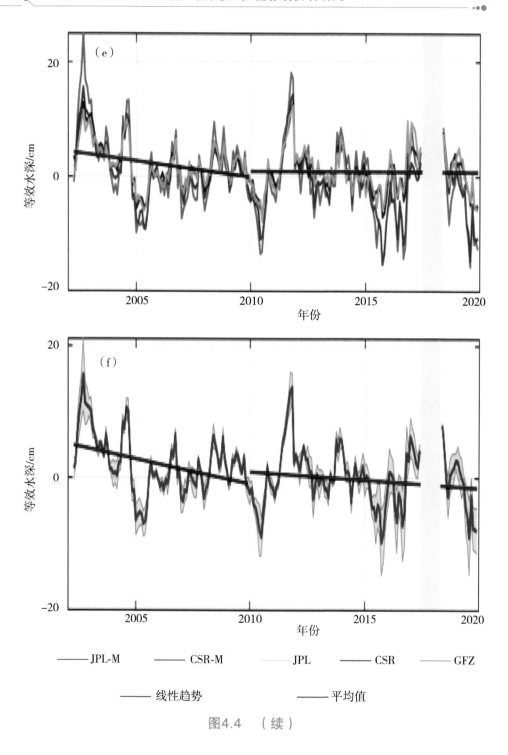

图4.4　（续）

表4.3 澜沧江下游流域、澜沧江流域和湄公河流域的总储水量变化趋势

流域	TWSA趋势/（cm/a）		
	2002—2009年	2010—2019年	2002—2019年
澜沧江下游	0.16	8.96*	2.95*
澜沧江	−2.21	1.85	−1.4*
湄公河	−8.65	−2.48	−3.36*

注：星号（*）表示趋势通过了显著性检验（$p<0.05$）。

　　流域的水储量变化为收入水量和支出水量的差值。收入水量主要受降水的影响，而支出水量主要受到蒸散发的影响。以小湾水库建成运行时间作为分界点，初始阶段2002—2009年被定义为天然条件阶段，2010—2019年被定义为水库调控阶段。图4.5展示了不同GRACE产品提取的TWSA在空间上的线性趋势，分别计算了水库建设前后流域水储量变化趋势空间分布（图4.5第1行和第2行）。自2010年以来，随着小湾水库和糯扎渡水库蓄水，澜沧江下游流域TWSA呈显著增加趋势。从降水变化趋势分布图［图4.5（g）~（i）］可以看出，澜沧江下游流域降水总体呈现减少趋势，而北部区域减少更为显著，最快减少速率超过−20 cm/a，即收入水量呈现减少趋势。

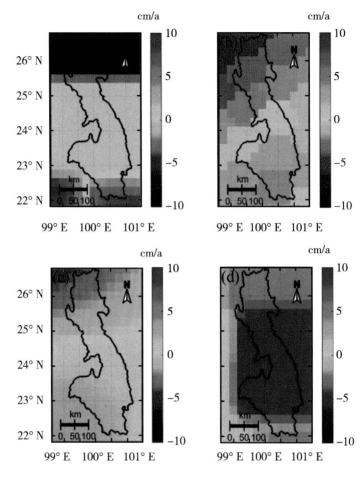

图4.5　澜沧江下游流域总水储量〔（a）～（f）〕和
降水时空分布格局〔（g）～（i）〕

注：第1行表示2002—2009年总水储量变化趋势；第2行表示2010—2019年
总水储量变化趋势；（a）和（d）表示JPL mascon总水储量变化趋势；（b）
和（e）表示CSR mascon总水储量变化趋势；（c）和（f）表示3种球谐波系数
总水储量趋势的平均值；（g）～（i）分别表示2002—2009年、2010—2019年
和2002—2019年3个阶段IMERG和CMAGrid 2套降水数据的平均值。

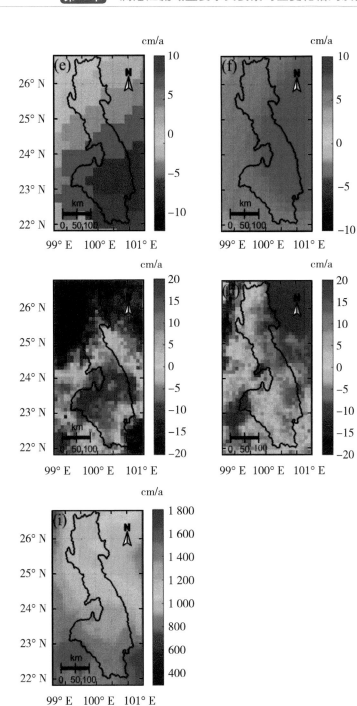

图4.5 （续）

结果表明，澜沧江流域气温呈现明显升高趋势，在不考虑土壤湿度的情况下，气温是决定蒸散发的重要因素，气温的升高导致流域蒸散发量的增多，致使流域下游水储量减少，汇入下游的径流量减少。下游汇入流量减少、降水量减少、蒸散发量变多，但是其水储量呈现增长的趋势。由此可以得出结论，下游小湾水库和糯扎渡水库的储水和调度使得下游水储量升高，而GRACE重力卫星很好地捕捉到了水库水量变化信号。该部分的研究为更深入地了解流域水循环过程提供了依据，同时也为第5章GRACE重力卫星数据在模型率定工作中的应用提供了数据和理论基础。

4.3.2　地表水变化分析

第3章研究结果表明，云层和山影的存在会影响小湾水库和糯扎渡水库光学影像提取的面积出现极端值。因此，本研究仅利用2017—2019年GRAS提供的SWE和Sentinel-3、Jason-2与Cryosat-2提供的WSE构建图3.8中的水库水位-面积关系曲线。此外，通过DEM拟合的面积-高程曲线被用来验证结果的可靠性，通过图3.8可以看到水位-面积点对基本分布在面积-高程地形曲线的周围，证明了本研究方法的可靠性。根据双线性插值方法，2010—2019年的WSE被插值到日尺度。然后根据拟合的水位-面积关系曲线即可计算得到SWE对应日尺度的WSE，通过水库体积计算公式即计算得到日尺度的小湾水库和糯扎渡水库水量变化曲线〔图4.6（a）和（b）〕。小湾水库和糯扎渡水库蓄水量变化详细结果见3.4节。流域入流呈现周期性变化〔图4.6（c）〕，气候变化对入流的影响有限。由于小湾水库和糯扎渡水库蓄水截留了一部分入流，2010年后流域出口径流明显减少〔图4.6（d）〕。梯级水库调节显著限制了洪峰流量，并补充了旱季流量，使得流域出口径流失去季节性变化规律且波动范围较小。基于水库蓄水量变化时间序列和地表径流变化时间序列，即可计算得到流域内地表水SWSA变化时间序列。图4.6（e）表明，2010—2019年的SWSA波动剧烈（范围为-20～20 cm），SWSA整体呈显著减少趋势（-5.48 cm/a），这主要是由于2010年后水库蓄水稳定后降水减少导致。

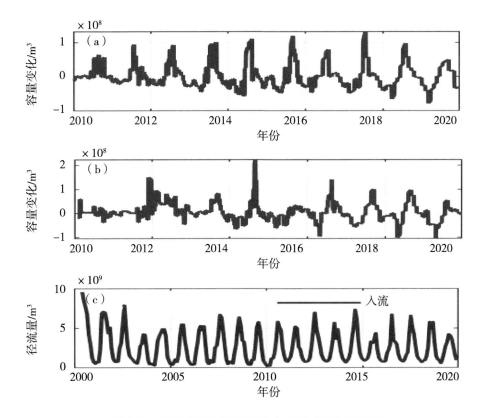

图4.6 澜沧江下游流域地表水变化时间序列

注：（a）和（b）分别表示小湾水库和糯扎渡水库的蓄水量变化时间序列；（c）和（d）分别表示澜沧江下游流域的入流和出流变化时间序列；（e）表示澜沧江下游流域地表水变化时间序列。拟合趋势的单位是cm/a，星号（*）表示趋势通过了显著性检验（$p < 0.05$）。

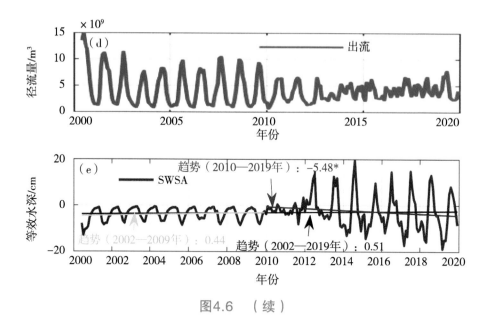

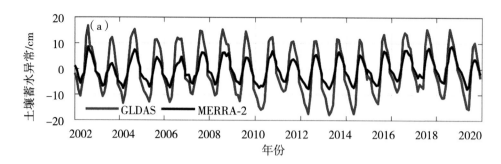

图4.6　（续）

4.3.3　土壤水变化分析

GLDAS和MERRA-2土壤水分距平变化量SMSA的年际和季节变化呈高度一致性，相关系数为0.86［图4.7（a）］。CMAGrid和IMERG

图4.7　澜沧江下游流域土壤水和降水时间变化序列

注：（a）通过GLDAS和MERRA-2反演得到的月土壤湿度变化时间序列；（b）通过CMAGrid和IMERG计算得到的月降水变化时间序列；（c）土壤湿度和降水变化趋势直方图。星号（＊）表示趋势通过了显著性检验（$p<0.05$）。

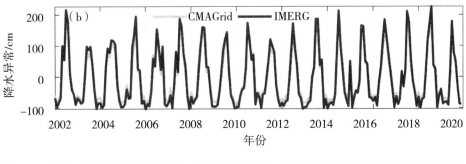

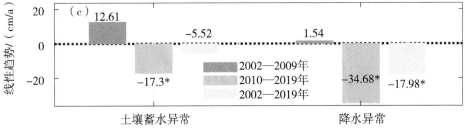

图4.7 （续）

获取的降水距平变化量也显示出高度一致性，相关系数为0.94
［图4.7（b）］。基于平均土壤水分和降水量，计算2002—2009
年、2010—2019年和2002—2019年3个阶段的变化趋势发现，
SMSA能快速反映降水的变化［图4.7（c）］。2010—2019年，降水
（-34.68 cm/a）和土壤水分（-17.3 cm/a）都呈显著下降趋势。

4.3.4 地下水变化分析

基于式4.15，计算得到下游流域地下水变化时间序列（图
4.8）。2002—2009年，下游流域GWSA呈略微增长趋势，增长
速率为0.14 cm/a，此期间地下水的变化与降水（1.54 cm/a）的
变化趋势一致。自2010年以来，GWSA显著增长，增长速率为
9.73 cm/a。值得注意的是，2010—2019年降水量呈显著下降趋势
（-34.68 cm/a），而GWSA呈显著上升趋势，增长速率为9.73 cm/a。

在整个研究期间（2010—2019年），GWSA也呈现显著上升的趋势，增长速率为2.8 cm/a。

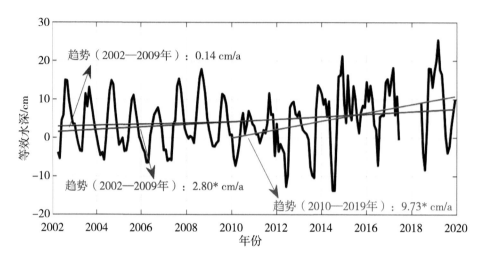

图4.8 澜沧江下游流域地下水储量变化时间序列

注：时间序列中空白区域为GRACE和GRACE-FO之间的缺失，星号（*）表示趋势通过了显著性检验（$p<0.05$）。

4.3.5 讨论与不确定性分析

在气候变化和人类活动的影响下，澜沧江流域的水资源空间和时间模式正在发生深刻变化（HAN et al.，2019；OGDEN，2023；RÄSÄNEN et al.，2012；YUN et al.，2020）。受气候变化影响，澜沧江流域极端洪水和干旱事件的频率和严重程度增加（HOANG et al.，2016；IPCC，2013，2014）。梯级水库和大坝直接调节了河流的径流量与流域水资源量，其中，小湾水库和糯扎渡水库蓄水量约占澜沧江所有梯级水库储水量的85％，在澜沧江流域的水资源管理中起着关键作用。

在实测数据获取困难的情况下，GRACE重力卫星任务为澜沧江TWSA动态变化监测提供了潜在解决方案。澜沧江的TWSA在2002—2009年和2010—2019年2个时期呈显著的时间和空间差异（图4.4和图4.5），这种差异主要是由于气候变化和梯级水库建设调控所致。2002—2009年，降水和TWSA均未表现出显著的趋势（图4.5和图4.7）。2010年以后，尽管降水呈显著下降趋势（-34.68 cm/a），澜沧江下游流域TWSA却显著增加（8.96 cm/a）。总体来说，过去20年，湄公河流域和澜沧江流域持续的降水减少和蒸发增强，导致了整个流域TWSA的减少（BIBI et al.，2021；HU et al.，2021；MA et al.，2018）。而澜沧江下游流域TWSA的突变可以归因于2010年后小湾水库和糯扎渡水库蓄水运行所致。

澜沧江下游流域SWS直接受地表径流和水库蓄水调控影响，自2010年小湾水库和糯扎渡水库蓄水后，开始3年左右时间内SWS呈现剧烈增加的趋势，直至呈稳定周期季节性波动（图4.6）。2010—2019年持续减少的降水（-34.68 cm/a）和强蒸发导致下游流域入流的减少。为了确保下游出口地区径流的稳定性，小湾水库和糯扎渡水库蓄水较少，因此SWS整体呈现下降的趋势（-5.48 cm/a）。

澜沧江下游流域SMSA和降水变化的线性趋势具有一致性（图4.7），因为SMS对降水有快速的响应（CHENG et al.，2020；KABIR et al.，2022）。与SWS和SMS不同，GWSA和TWSA的线性趋势保持一致（图4.8）。这是因为即使在极端干旱的条件下，小湾和糯扎渡水库仍然保持一定的蓄水量保证发电和下游的用水安全，所以能持续补充地下水直至饱和。因此，从2010年开始水库蓄水到稳定运行，地下水整体呈现稳定上升的趋势（9.73 cm/a），这一发现与前人研究一致（JING et al.，2020）。

遥感数据的准确性不可避免地给本研究结果引入不确定性，为了减少这种不确定性，本研究中大多数变量都使用的多个数据源的平均值进行计算。例如，本研究对比并利用了5个GRACE产品、5套降水产品和2套土壤湿度产品。研究结果发现，这些数据集在研究区域表现出高度的一致性。此外，GRACE一般用于大尺度范围的TWSA分析，对于本研究区域，GRACE信号可能受到附近开放水体的影响。但是，小湾水库和糯扎渡水库的季节性水位变化可以达到80 m，水量变化也超过了10^8 m³的数量级。因此，本章的研究表明水库水量变化主导了GRACE信号的变化。此外，有许多研究使用GRACE数据研究单个水库的水量变化（LI et al.，2021；LONGUEVERGNE et al.，2013；WANG et al.，2019），并取得不错的结果。此外，WSE和SWE是影响SWS不确定性的2个重要因素。尽管Sentinel-3自2016年开始运行，但是由于OLTC在新建水库的错误设置（图3.5），2019年3月后开环模式下的数据均无法收集到有效信息（ZHANG et al.，2020a）。因此，本研究使用了Jason-2和Cryosat-2卫星任务作为补充。此外，本研究使用了地形拟合曲线对*WSE-SWE*曲线进行了验证（图3.8），确保了*SWS*计算的准确性。

4.4　小　结

本章基于多源对地观测数据，对研究区的主要水文要素动态变化进行了研究。主要结论如下。

研究区TWSA在2002—2009年和2010—2019年2个时期的时空分布模式存在显著差异。气候变化和水库建设是该地区TWSA变化的主要驱动因素，2010—2019年，降水显著减少（-34.68 cm/a），但是由于小湾和糯扎渡2个大型水库的蓄水运行，TWSA呈显著增加趋势（8.96 cm/a）。

研究区SWS在2002—2019年总体上呈增长趋势，增长速率为0.51 cm/a。但是由于降水减少（-34.68 cm/a）和蒸发增强，导致水库稳定运行后蓄水量减少，SWS在2010—2019年呈减少趋势（-5.48 cm/a）。

研究区GWSA变化的线性趋势和GWSA保持一致，从2010年开始水库蓄水到水库稳定运行期间，GWS呈稳定上升的趋势（9.73 cm/a），这是由于水库持续补充地下水导致的。

本章为评估气候变化和水库调节对研究区的TWS和相关水分量变化的影响提供了基准。将为澜沧江-湄公河流域水资源管理和合作提供重要支持。此外，本章展示了多源卫星遥感数据集在区域尺度水资源监测中的潜力，特别是在数据有限和跨境流域地区。随着Sentinel-6、Sentinel-3C、Sentinel-3D和SWOT等新卫星任务的发射和升级，流域尺度的遥感水资源应用精度有望得到提高。

第5章

澜沧江流域水文参数优化及径流模拟

水文模型是水文研究的重要手段和工具，遥感卫星和遥感技术的发展与应用为水文模型提供了数据基础。近年来，遥感数据在水文模拟研究中的应用越来越广泛，同时也给无资料地区和资料稀缺地区的水文模拟研究提供了有力支撑。结合遥感数据在无资料地区的水文模拟方法的探索一直是近年来研究的热点和未来研究的趋势。

5.1 / 研究数据与方法

5.1.1　研究数据

5.1.1.1　气象驱动数据

降水-径流模型对降水敏感（ARULRAJ et al.，2019；HARRIS，2019；TAN et al.，2017；TAREK et al.，2020；YATAGAI et al.，2019），因此本研究使用了42个CMA气象站点评估了4种典型的再分析和遥感降水数据（IMERG、APHRODITE-2、CRUJRA和ERA-5）在研究区的适用性（4.2节）。选取其中表现最好的IMERG降水数据和CMAGrid站点插值数据来分析降水对水文模型影响的不确定性（附图5）。与降水数据相比，水文模型对温度的敏感性较低（HER et al.，2019；

KNOCHE et al.，2014）。例如，KNOCHE（2014）使用了高分辨率的温度数据，但并没有改善模型结果。此外，研究表明，ECMWF的温度数据与实测温度数据一致性较强，能够很好地捕捉中国山区温度的日值变化（CHAI et al.，2022；ZHANG et al.，2020c）。ERA-5（ECMWF的最新一代产品）作为潜在的输入数据被广泛应用于水文模拟研究当中（TAREK et al.，2020；XU et al.，2022）。因此，本研究使用ERA-5的2 m温度（日最高和最低温度）作为模型的输入数据。对于每个子集水区，采用统计分析方法将格网降水和温度数据转化为平均时间序列数据。

5.1.1.2 实测径流数据

水文模型通常依赖于天然径流监测记录，或者在坝前不受水库和大坝影响的径流记录进行率定。本研究收集到了如表5.1所示的8个水文站点的径流数据，数据记录主要集中在2000年以前。

表5.1 澜沧江流域水文站点信息表

序号	站名	位置 经度/° E	纬度/° N	海拔/m	集水区面积 /10^3 km²	数据记录 年份
1	香达	96.57	32.13	3 651	17.9	1956—2000
2	昌都	97.17	31.13	3 239	48.4	1968—2000 2007—2018
3	溜筒江	98.79	28.56	2 056	77.6	2018—2019
4	旧州	99.22	25.78	1 307	82.4	1956—2000
5	功果桥	99.31	25.6	1 242	97.2	2011—2020
6	羊庄坪*	100	25.65	1 521	4.3	1978—2000

表5.1 （续）

序号	站名	位置		海拔/m	集水区面积 /10³ km²	数据记录 年份
		经度/° E	纬度/° N			
7	戛旧	100.46	24.59	958	105.7	1957—2000 2010—2018
8	允景洪	100.78	22.03	587	141.4	1956—2000 2010—2018

注：按上游到下游顺序排列，*代表支流。

5.1.1.3 其他对地观测数据

除历史径流数据以外，本研究使用多源对地观测数据来限制模型参数。其中包括GRACE重力卫星TWSA，基于第3章和第4章的研究结果，以溜筒江水文站为界，对澜沧江流域进行上下流域划分，其中上游流域是不受水库调控影响，下游受到梯级水库调控影响。基于GRACE分别提取上下游的TWSA时间变化序列，用于限制水文模型参数。

Sentinel-3在澜沧江流域共有51个虚拟站点，其中流域有24个虚拟站点不受水库影响。这24个虚拟站点的WSE时间序列也被用于水文模型参数率定工作。

5.1.2 研究方法

5.1.2.1 总体方案

图5.1是澜沧江流域水文信息的基础图，图中包括水文网络、

水文站点的位置（红色五角星）、大坝的分布（绿色矩形）、小

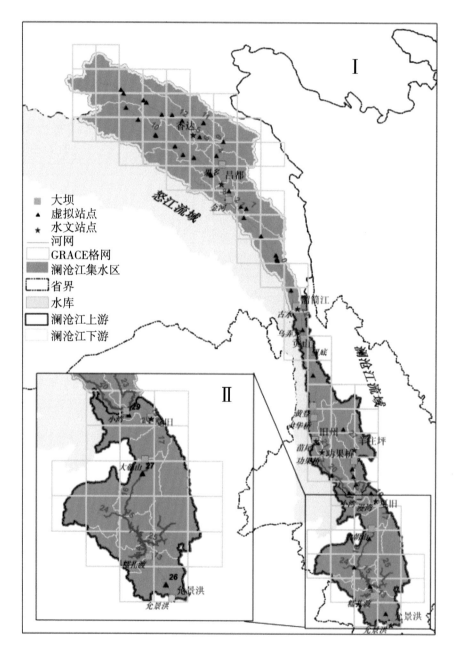

图5.1　澜沧江梯级水库水文模拟基础信息示意图

湾水库和糯扎渡水库的最大覆盖面积（蓝色面状）、GRACE重力卫星格网（淡绿色格网）和Sentinel-3雷达测高虚拟站点位置（黑色三角形）。本研究的水文模拟区间是2000—2020年，第3章表明小湾水库建成运行时间为2010年，所以本研究以2010年作为时间分割点，把澜沧江径流状态分为天然径流状态（2010年以前）和水库调控下径流状态（2010年以后）。图5.1（Ⅰ）表示在不考虑水库调控情况下的澜沧江径流状态，图5.1（Ⅱ）表示在考虑小湾水库和糯扎渡水库调控下的澜沧江径流状态。忽略澜沧江流域小型水库的调控，本研究假设在2010年之前流域径流只受到气候变化影响。小湾水库上游不受水库调控影响，所以本研究假设小湾水库上游径流在整个研究期间只受气候变化影响。基于此，本研究使用小湾水库上游全时段的径流数据和遥感观测数据，小湾水库下游2010年前的径流数据和遥感观测数据来进行水文率定工作。在得到天然状态下的小湾水库入流和小湾水库储水量变化的前提下，根据水量平衡原理，可以计算得到小湾水库的出流，同理即可得到糯扎渡水库的出流。

图5.1为研究方案的流程图，设计了如下实验（每种方案分别包括GPM和CMAGrid 2套驱动数据，即共8套率定方案），（Ⅰ）基于GRACE重力卫星数据、Sentinel-3雷达测高数据和历史水文站点径流数据得到澜沧江天然状态下的径流状态，（Ⅱ）基于（Ⅰ）中重建的天然径流和梯级水库蓄水量变化数据，结合水库调度方案得到澜沧江梯级水库（小湾水库和糯扎渡水库）调度下的径流状态。

（1）天然径流状态［图5.1（Ⅰ）］。

实验1：基于历史径流数据的水文模型参数率定。

实验2：基于历史径流数据和GRACE重力卫星水储量数据的水文模型参数率定。

实验3：基于历史径流数据和Sentinel-3雷达测高水位数据的水文模型参数率定。

实验4：基于历史径流数据、GRACE重力卫星水储量数据和Sentinel-3雷达测高水位数据的水文模型参数率定。

水文站点历史径流数据的起始时间为1955—2000年，假设在没有水库和其他人类活动影响下，忽略短时间内的气候变化的影响，澜沧江2000年前后天然状态下的水文过程相似。由于澜沧江上游径流不受水库调度影响，下游在2010年后受水库调度影响，所以上游使用2002—2020年的GRACE重力卫星水储量数据率定参数，下游使用2002—2009年的水储量数据率定参数。在小湾水库上游，本研究使用了24个Sentinel-3雷达测高虚拟站点来率定水文模

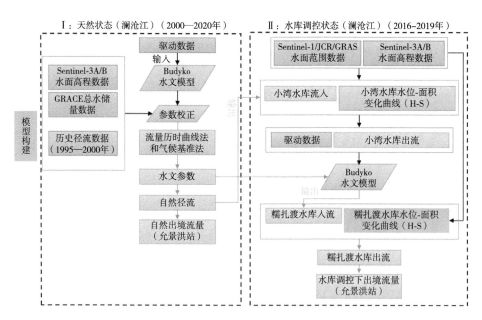

图5.2　澜沧江梯级水库水文模拟方案

型参数。模型参数率定目标函数采用整合的多目标率定函数，率定过程使用SPOTPY的SCEUA算法优化，汇流方案采用Muskingum汇流模型。通过以上4种实验方案，即可重建澜沧江天然状态下的径流，其中包括小湾水库的入流。使用昌都2007—2018年和功果桥2011—2020年的月径流数据来评估4种不同率定实验的优劣，选取表现最好的1套方案作为径流模拟的率定方案。

（2）水库调控下径流状态［图5.1（Ⅱ）］。

步骤1：基于第4章计算得到的小湾水库蓄水量变化时间序列和方案（1）模拟得到的小湾水库天然入流时间序列，即可计算得到小湾水库的出流时间序列。

步骤2：根据天然状态下的子流域参数，计算得到各子流域的产流，然后根据Muskingum汇流模型将小湾水库出库流量和下游的产汇流量汇聚到糯扎渡水库，得到糯扎渡水库的入流时间序列。

步骤3：基于第4章计算得到的糯扎渡水库蓄水量变化时间序列和步骤2计算得到的糯扎渡水库入流时间序列，即可计算得到糯扎渡水库的出流时间序列。

通过以上的步骤，即可重建梯级水库调控下的径流，使用戛旧和允景洪水文站2010—2018年的径流数据对模拟径流进行验证。分别利用GRACE获取的TWSA和Sentinel-3获取的WSE作为辅助数据对模拟流域水储量和河道水位进行验证。

5.1.2.2 澜沧江流域水文参数优化及天然径流模拟

（1）水文-水动力模型构建。如图5.3所示，基于Budyko降水-径流模型和Muskingum汇流模块搭建流域水文-水动力模型。基本原理是，将集水区的水储量概化为3个含水层：根系层、浅层含水层和深层含水层。使用Budyko界限概念（f_{fu1981}）将降水（P）分为直接径流（Q_d）和集水区滞流（X），实际蒸散发（E）直接消耗掉一部分土壤水（S），其余部分和集水区滞留都转换为地下水补给（$R_{shallow}$），公式如下：

$$X=P \times f_{fu1981}(X_0, P, \alpha_1) \tag{5.1}$$

$$Q_d=\max(0, P-X) \tag{5.2}$$

$$E=W \times f_{fu1981}(E_0, W, \alpha_2) \tag{5.3}$$

$$E=X+S_0 \tag{5.4}$$

$$R_{shallow}=X_{GW} \times (W-Y) \tag{5.5}$$

$$Y=W \times f_{fu1981}(E_0+S_{max}, W, \alpha_2) \tag{5.6}$$

$$R_{deep}=(1-X_{GW}) \times (W-Y) \tag{5.7}$$

$$S=\max(0, Y-E) \tag{5.8}$$

式中，X_0为初始状态滞留，α_1和α_2分别为根系层和浅层含水层保留系数，W为有效水量，X_{GW}表示浅层、深层含水层分配系数，Y为潜在蒸散发，R_{deep}为深层地下水补给，S_0和S_{max}分别为初始和最大土壤含水量。地下水总回灌量在2个不同保留系数的含水层之间进行分配，浅层储水量$G_{shallow}$、浅层基流$Q_{baseflow}$、深层储水量G_{deep}和深层基流Q_{deep}可以通过以下公式计算得到：

$$G_{shallow}=\max\left(0,(1-d)\times G_{0\_shallow}+R_{shallow}\right) \tag{5.9}$$

$$Q_{baseflow}=\max\left(0,d\times R_{shallow}\right) \tag{5.10}$$

$$G_{deep}=\max\left[0,(1-d_{deep})\times G_{0\_deep}+R_{deep}\right] \tag{5.11}$$

$$Q_{deep}=\max\left(0,d_{deep}\times G_{deep}\right) \tag{5.12}$$

式中，$G_{0\_shallow}$ 和 G_{0_deep} 分别表示初始浅层和深层储水量，d 和 d_{deep} 分别表示浅层、深层基流消退常数。模型中耦合线性水库模块，用于模拟天然系统中能够延迟径流到达主河道的支流过程（参数：N_{Nash}、K_{Nash}）。来自深层含水层的基流（Q_d）和来自梯级河道的直接径流（$Q_{baseflow}$）通过Muskingum汇流模型汇集到主河道（参数：x、n）。总地下水量（G）和总径流量（Q）通过以下公式计算得到：

$$G=G_{deep}+G_{shallow} \tag{5.13}$$

$$Q=Q_d+Q_{baseflow} \tag{5.14}$$

以上公式中涉及的参数如表5.2所示。

表5.2　Budyko模型参数信息表

模型参数	范围	
	最小	最大
Budyko参数，用来划分集水区滞流和直接径流，a_1（－）	0.1	0.9
Budyko参数，用来划分集水区滞流和直接径流，a_2（－）	0.1	0.9
基流消退常数，d（d^{-1}）	0.003	0.7

表5.2　（续）

模型参数	范围	
	最小	最大
最大土壤含水量，$S_{\max}$（mm）	100	1 800
梯级水库的个数，N_{nash}（-）	1	11
梯级水库的蓄水常数，K_{nash}（d）	1	10
Muskingum权重因子，X（-）	0.05	0.5
曼宁粗糙度系数，n（s/m$^{1/3}$）	0.015	0.05
浅层、深层含水层分配系数，X_{Gw}（-）	0.01	0.95
深层含水层基流消退常数，d_{deep}（-）	0.001	0.02

注：参数的定义和范围是根据前期的实验得到。

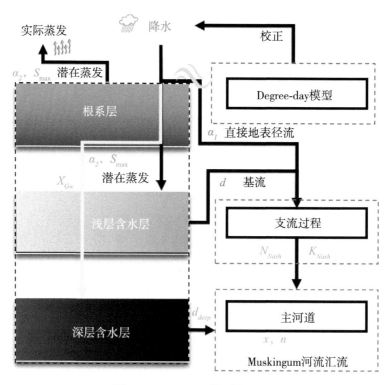

图5.3　Budyko模型原理图

（2）子流域划分。采用TauDEM地形分析工具来提取流域河网和集水区，实测水文站点、大坝位置和测高水位虚拟站点等感兴趣点将作为子流域出口来划分子汇水区。如图5.1所示，本研究将澜沧江流域分成了28个子流域，并分别提取了各个子流域的重心点，通过区域统计赋予了重心点整个流域的平均、最大和最低高程等统计信息。

（3）参数区域化。基于流域土地覆被、高程等下垫面信息和降水、温度等气象信息，采用K-means聚类分析方法对子汇水区进行分类，同一类别子流域在空间上可以不相邻，但设置相同的水文参数，弥补实测站点稀疏导致的参数限制较差问题。根据最优分类推荐并结合水文站点位置，最终把28个子流域分成了6个区域，每个区域分配相同的参数，分区结果如下。

区域1：子流域编号0、4。

区域2：子流域编号3、13和14。

区域3：子流域编号15、24和25。

区域4：子流域编号16、17和18。

区域5：子流域编号1、2、5、6、7、8、9、10、11和12。

区域6：子流域编号19、20、21、22、23、26和27。

由于GRACE格网较粗，对于小型的子流域GRACE格网捕捉水储量变化信号的能力较弱，所以，本研究以溜筒江水文站为界，把流域分为上下游来进行水储量变化的率定。上下游的分界处刚好是GRACE Mascons 2个斑块的分界处，并不是直接割裂具有相同信号反映的同一个斑块。基于章节4.3，可以得知下游由于水库的蓄水，GRACE能很好地捕捉到下游水量变化的信号，所以进行上下游分区有利于捕捉水储量的变化。水储量率定分区结果如下。

上游：子流域编号0、1、2、3、4、5、6、7、8、9、10、11、12。

下游：子流域编号13、14、15、16、17、18、19、20、21、22、23、24、25、26、27。

（4）河道形态设置。根据野外测量设定河道的断面形状，如三角形（图5.4，位置：26.245 9° N，99.129 1° E，1 466 m）。为了确保Muskingum汇流模型的稳定性，每个汇水区的河段距离（L）进一步细分为5～25 km。基于模拟河道总径流量（Q）和断面形状，河道水深（d）可按如下公式计算得到，w是河床宽度，∂是河岸坡度：

$$d = \frac{-wL + \sqrt{(wL)^2 + 4L / tan(\partial) \times Q}}{2L / tan(\partial)} \qquad (5.15)$$

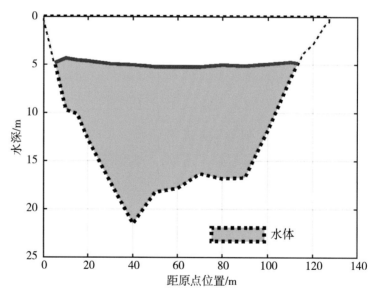

图5.4　澜沧江干流拉马登大桥处河道断面形状

（5）积雪模块嵌入。澜沧江发源于青藏高原，流域境内包含了部分冰川和积雪，冰川及雪水对流域水量平衡研究是不可忽略的重要部分。其在不同时间尺度上的波动势必导致以冰雪补给为主河流水量的丰枯变化。而Budyko模型没有冰川和积雪模块，所以将度日模型（Degree-day）嵌入Budyko模型中，从而提高模拟精度。度日模型具有较强的物理基础，在冰川上，净辐射（包括大气长波辐射和短波辐射）和感热通量受气温的影响显著，导致气温与消融之间的关系密切。度日模型正是基于冰川消融与气温尤其是冰雪表面的正积温之间的密切关系这一物理基础建立的，虽然该模型是冰川与积雪表面消融能量平衡这一复杂过程的简化描述，但在流域尺度上可以给出类似于能量平衡模型的理想输出结果（BRAITHWAITE et al.，1999，2000；HOINKES et al.，1975）。

高程是影响气候（温度和降水）、积雪和融雪的关键因素（WOO et al.，2006）。在本研究中，每个子流域根据500 m的海拔高度步幅进行分割，每个子流域250 ~ 6 250 m被分割成13个高程带（$E_{i,l} = [1\ 13]$），然后计算每个高程带占据整个流域的比例P_i。如式5.24所示，其中H为整个子流域的平均海拔：

$$H = \sum_{i=1}^{13} E_i P_i \qquad (5.16)$$

$$T_i(t) = Tempt(t) + (Ei_i - H) \times Tlaps \qquad (5.17)$$

$$P_i(t) = Prec(t) + (E_i - H) \times Plaps \Big/ \left(365.25 \times \frac{Pdays}{Days}\right) \qquad (5.18)$$

其中，t表示某天，$T_i(t)$和$P_i(t)$分别代表在i高程带t天的气温和降水，$Tlaps$为高程每上升100 m气温的下降速率，$Plaps$为高程每上升1 m降水的增加速率，$Pdays$代表在整个模拟时期子流域降水的天数，$Days$代表整个模拟时期的天数。

$$\begin{cases} \begin{aligned} rain_i(t) &= 0, \\ snow_i(t) &= snow_i(t-1) + P_i(t) \end{aligned} & T_i(t) < T_0 \\[2ex] \begin{aligned} rain_i(t) &= rain_i(t) + \min\left[\, D\_snow \times \right. \\ & \left. (T_i - T_0),\ snow_i(t-1)\,\right] \\ snow_i(t) &= snow_i(t-1) - \min\left[\, D\_snow \times \right. \\ & \left. (T_i - T_0),\ snow_i(t-1)\,\right] \end{aligned} & T_i(t) \geq T_0 \end{cases} \quad (5.19)$$

式中，$rain_i(t)$和$snow_i(t)$分别代表在t天i高程带的降水和积雪，T_0表示融雪临界温度，D_snow是积雪融化的度日因子，某个子流域在t天的$rain(t)$和$snow(t)$通过对每个高程带的结果累加得到，公式如下：

$$rain(t) = \sum_{i=1}^{13} rain_i P_i \qquad (5.20)$$

$$snow(t) = \sum_{i=1}^{13} snow_i P_i \qquad (5.21)$$

如表5.3所示，通过对研究区内42个气象站点的统计计算得到。在青藏高原南部区域积雪的度日因子D_snow为0.20 ~ 6.00 mm/day℃（TIWARI et al.，2015；WANG et al.，2015；ZHANG et al.，2020b），本研究取其平均值。对于度日模型来说，其优点在于气温是模型输入的主要数据要素，相对于其他观测要素，气温较为容易获取；气温的空间插值相对较为容易；模型计算相对简单。基于以上特点，度日模型已广泛地应用于冰川物质平衡、冰川对气候敏感性响应、冰雪融水径流模拟及冰川动力模型等的研究中（LIU et al.，2016b；MA et al.，2020b；WANG et al.，2015）。

表5.3 度日融雪模型参数信息表

参数	值
融雪度日因子/（mm/day℃）	3.1
雪水转换临界温度/℃	0
温度随高程递减率/（℃/100 m）	−0.66
降水随高程递减率/［mm/（m·a）］	−0.26

（6）整合多源遥感的模型率定方案构建。本研究使用FDC和CB挖掘水文站历史径流的特征信息，在此基础上，结合卫星测高水位和重力卫星储水变化量数据，开发基于遥感地面观测数据整合多目标的水文率定方案。流域水储量是总地下水量（G）和总径流量（Q）之和，考虑到GRACE分辨率较粗，水储量按整个流域率定，河道虚拟站点水位经过转换与水深（d）比较。具体率定目标函数如下。

FDC反映径流在频率域上的变化，表示在时间间隔内超过（或者低于）某一强度的流量持续的时间或者出现的频率（图5.5左）。目标函数如式（5.22）所示，在间隔区间（共20个）上分别对模拟和参考FDC进行评分，如果偏离小于10 %，则认为模拟结果较好，S_i=0，如果偏离超过10 %，则S_i=−1或者S_i=1，最佳拟合情况下，R_{FDC}=1。

$$R_{FDC} = 1 - \frac{\sum_{i=1}^{N-1}|S_i|}{N-1} \qquad （5.22）$$

$$R_{CB} = \sqrt{\frac{1}{N}\sum_{i=1}^{N}(\frac{ysim, i-\overline{y}}{\sigma_t^2})^2} \qquad （5.23）$$

CB用来反映目标的年内变化特征（图5.5右）。目标函数［式（5.23）］计算模拟和参考目标（径流、水位和水储量）误差曲线之间的年内加权均方根偏差，其中权重σ_t^2为参考值的标准差。目标函数R_{CB}值的范围是0到正无穷，R_{CB}=0时为理想状态，R_{CB}<1代表偏差小于参考值的年际变化，则可以接受。

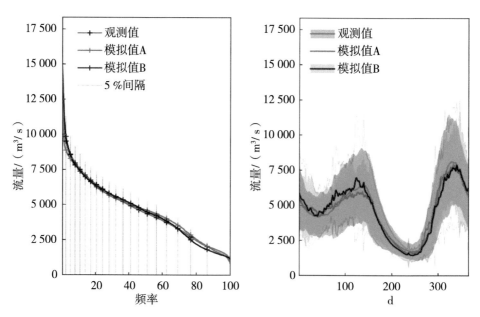

图5.5　流量历时曲线（左）和气候基准法（右）示意图

同时优化几个目标函数需要权衡不同目标函数之间的最优解决方案，需要花费大量的时间和计算成本。本研究拟采用多目标整合的率定方案［式（5.24）］，整合的目标函数Ø是计算多个目标的模拟值$R_{sim,i}$和参考值$R_{ref,i}$之间的加权标准偏差。根据先验知识和预实验给不同的目标（径流、水位和水储量）函数赋予不同的优先级和权重ω_i，从而在各个目标贡献之间达到平衡。率定工作使用SCEUA全局搜索算法在超性能计算服务器上完成，在最近的100次模型运行中，如果目标函数值的变化达到收敛（0.1%）或者超过最高运行次数，则输出参数为最优解。

$$\Phi = \sqrt{\frac{1}{N}\sum_{i=1}^{N}(R_{ref,i} - R_{sim,i})^2 \times \omega_i} \qquad （5.24）$$

（7）不确定性分析。根据多套降水和3种不同率定目标的组合，设计多种不同的率定方案，例如，方案1：GPM降水驱动+率定目标（历史径流、河道测高虚拟站点水位），方案2：GPM降水驱动+率定目标（历史径流、流域重力卫星储水变化量）。分析不同降水对模型模拟结果的不确定性、不同率定目标对模型参数优化效果的不确定性，最终选择1套表现较佳的率定组合，重建流域天然径流。

5.1.2.3　澜沧江梯级水库调控下径流重建及径流特征分析

（1）水库汇流方案。基于内容（2）和（3），分别得到各梯级水库的水量变化$\triangle V$和最上游水库天然状态下的入流Q_{in}，通过水量平衡原理［式（5.25）］，即可计算最上游水库的出流Q_{out}。基于前一个水库的出流和Muskingum汇流模型即可得到下一个水库的入流，结合下个水库的水量变化即可计算水库出流，以此类推，重建所有梯级水库的入流、出流以及整个流域出口径流。

$$Q_{out} = Q_{in} - \Delta V \qquad (5.25)$$

（2）定量揭示变化环境对澜沧江流域出口径流的影响。为了区分气候变化和水库调控对流域出口径流变化影响的贡献，选择无水库影响下的流域出口径流作为基准期（$Q_{baseline}$），气候变化和水库调控对径流的影响（ΔQ）即为当前流域出口重建径流（Q_{out}）与基准期径流的差［式（5.26）］，气候变化对径流的影响（$\Delta Q_{climate}$）为当前模拟天然径流（$Q_{simulated}$）与基准径流的差［式（5.27）］，水库调控对径流的影响（$\Delta Q_{reservoir}$）为总径流变化减去气候变化的影响［式（5.28）］。此外，基于流量历时曲线、气候基准以及数理统计等方法，根据流域出口模拟天然径流序列，分析出口径流季节和年度变化特征及差异；根据各梯级水库出流以及水库调控下的流域出口径流序列，分析每个梯级水库对入库径流的调节程度以及干湿季节调控差异，分析随着梯级水库的增多对整个流域出口径流丰枯变化的调控效应；结合流域极端气候事件，探讨澜沧江流域防洪抗旱策略。

$$\Delta Q = \Delta Q_{climate} + \Delta Q_{reservoir} = Q_{out} - Q_{baseline} \qquad (5.26)$$

$$\Delta Q_{climate} = Q_{simulated} - Q_{baseline} \qquad (5.27)$$

$$\Delta Q_{reservoir} = \Delta Q - \Delta Q_{climate} \qquad (5.28)$$

5.2　多目标率定参数敏感性分析

　　敏感性分析提供了不同降水驱动数据多种率定方案对模型参数的约束差异。如图5.6所示，参数对不同率定方案具体敏感性，说明不同率定目标对参数的约束具有差异性。例如，X_{GW}和d_{deep}等与流域水储量有关的参数对GRACE率定方案更加敏感（图5.6第2行）。而跟汇流相关的参数d、n、a_1和a_2对Sentinel-3率定方案更为敏感（图5.6第3行），尤其是曼宁粗糙度系数n对测高水位率定方案更为敏感 。另外针对不同的驱动数据，参数表现也不一样，使用IMERG作为驱动数据的参数大小要明显小于CMAGrid作为驱动数据的参数大小（图5.6第1行）。不同区域参数表现也不一样，区域2处于澜沧江最下游湿润地

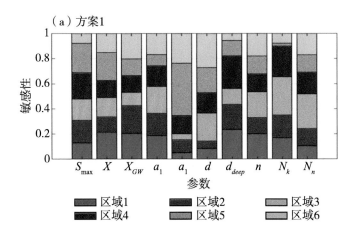

图5.6　4套率定方案［2套驱动数据，（a）~（d）表示CMAGrid，
（e）~（h）表示IMERG］参数敏感性分析

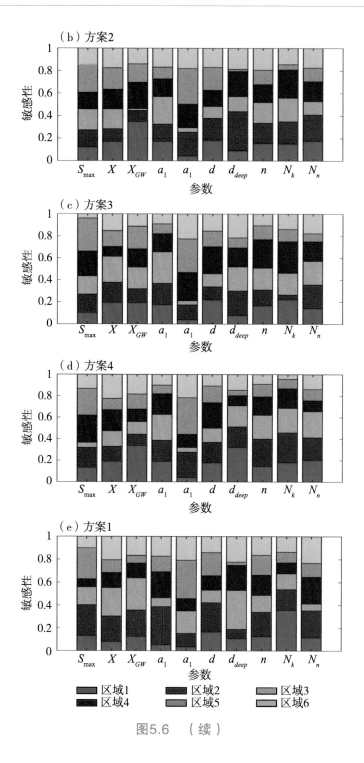

图5.6 （续）

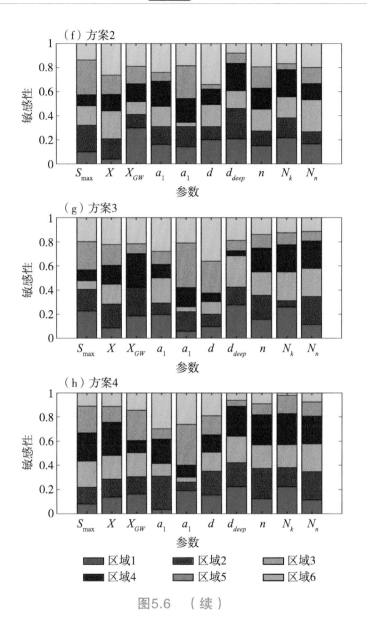

图5.6 （续）

区，其参数对最大土壤含水量S_{max}较为敏感，不管是CMAGrid还是IMERG驱动模型，各种率定方案均表现出类似的规律。N_k和N_n等与水库相关的参数均匀分布，对不同率定方案不敏感。

5.3 / 澜沧江天然径流重建与分析

5.3.1 径流验证

FDC和CB率定目标函数对时间误差不敏感，即使模拟时间段和率定数据时间段不重叠也可以使用。该方法能很好反映流量在频率域上的分布特征和流量的年内变化特征，并且能很好地转移驱动数据和率定数据的不确定性。本研究的率定和验证方法都是综合应用了FDC和CB，表5.4展示了4种不同率定方案在昌都和功果桥水文站目标函数FDC和CB的统计数据。结果显示，不同驱动数据对不同的目标函数敏感性有差异，基于IMERG的驱动模型对FDC目标函数更为敏感，即IMERG驱动模型能更好反映径流频率域的变化。可能的原因是IMERG比CMAGrid分辨率高，能更好地捕捉小尺度的峰值降水，特别是洪水季节［附图5（c）］。而CMAGrid驱动模型对CB目标函数更为敏感，即CMAGrid驱动模型在表达径流季节变化的能力要优于IMERG驱动模型，因为CMAGrid是实测站点插值的产品［附图5（a）~（b）］，所以具有更平滑的年内分布。

此外，4种不同率定方案验证结果表明，结合卫星对地观测的率定方案在大多数时候要优于仅使用历史径流的率定方案。其中，方案2基于历史径流数据和GRACE-TWSA数据的率定组合方案表现最佳，在昌都水文站和功果桥水文站的模拟结果有明显提高。其中，基于IMERG的驱动模型FDC目标函数值提高了71.26％和22.22％，基于CMAGrid的驱动模型CB目标函数值提高了19.61％和11.64％。方案3基于历史径流数据和Sentinel-3-WSE数据的率定组合方案相比于方案1几乎没有提升，这是由于澜沧江河道较窄，用于率定的虚拟站点仅用非常有限的WSE数据点，对目标函数约束能力较小。总体而言，多源对地观测水文要素对水文模型参数具有一定的约束能力，这对于资料稀缺区域的水文模拟研究具有一定的帮助。

表5.4　基于4种不同率定方案的IMERG和CMAGrid驱动的模型目标函数指标验证结果

水文站点	校正方案	FDC		气候基准法或CB	
		IMERG	CMAGrid	IMERG	CMAGrid
昌都	方案1	**−0.87**	−1.62	**1.26**	1.53
	方案2	**−0.25**	−0.58	1.99	**1.23**
	方案3	**−1.33**	−1.23	1.78	**1.46**
	方案4	−0.56	**−0.51**	2.53	**1.47**
功果桥	方案1	**0.27**	−0.18	2.63	**1.89**
	方案2	**0.21**	−0.13	1.91	**1.67**
	方案3	**0.25**	−0.25	2.81	**2.01**
	方案4	**−0.46**	−0.66	2.33	**1.93**

注：加粗字体表示表现最佳。昌都水文站和功果桥水文站的验证期分别为2007—2018年和2011—2020年。

基于以上的验证结果，率定组合方案2的水文参数被用于天然

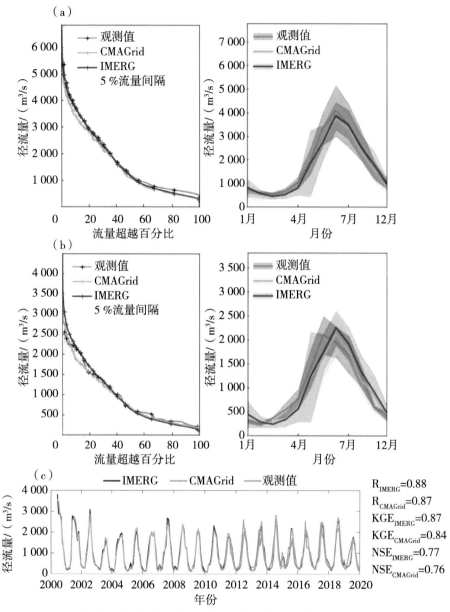

图5.7　天然模拟径流在允景洪水文站和功果桥水文站径流验证结果

注：（a）允景洪水文站（模拟期：2000—2020年；率定期：1956—2000年）和（b）功果桥水文站（模拟期：2011—2020年；率定期：2011—2020年）流量历史曲线和气候基准图，（c）功果桥水文站模拟期和率定期径流时间序列，阴影表示90%置信区间。

条件下径流。为了进一步确保天然模拟径流的可靠性，图5.7展示
了在允景洪（流域出口处）水文站和功果桥（小湾水库入流处）
水文站天然径流模拟结果。从图5.7（a）~（b）的FDC图可以
看出，澜沧江径流峰值流量较大，FDC较为陡峭，频率较低。而
基流大于0，较为平缓，频率较高。CMAGrid和IMERG驱动模型
在允景洪水文站和功果桥水文站径流模拟结果的FDC曲线在率定
期（1956—2000年）和验证期（2011—2020年）均相差不超过
10%（$|R_{FDC}| \leq 1$，表5.4）。此外，2种驱动模型都很好地捕捉了
径流的年内变化特征，在6月左右达到峰值流量，2月左右达到最
低流量，模拟CB目标函数值均在2倍标准差范围内（$R_{CB} \leq 2$，表
5.4）。以上结果证明方案2模拟的天然径流在研究区取得了较好
的精度。此外，2011—2020年功果桥水文站模拟径流和实测径流
之间的平均R、KGE和NSE分别达到了0.88、0.86和0.77［图5.7
（c）］。因此，无论是频率域、季节分布还是在时间序列变化上
模拟径流与实测径流具有较高的一致性，证明了基于多源对地观
测数据多目标率定方案参数优化的良好表现。功果桥水文站处于
小湾水库尾水处，因此也保证了重建水库调控下径流时水库入流
的准确性。

5.3.2 总水储量验证

基于最优水文参数率定方案2，图5.8比较了流域上下游IMERG
和CMAGrid驱动模型模拟得到的TWSA和GRACE-TWSA的变化，
模型模拟的月TWSA变化计算方式见章节5.1.2。尽管下游流域的
模拟TWSA略微低估，但是CMAGrid和IMERG 2种驱动模型都很

好地捕捉到了上游TWSA的变化［图5.8（a）］。如表5.5所示，虽然CMAGrid和IMERG 2种驱动模型模拟TWSA和GRACE-TWSA之间的CB目标函数值大于1，但是都小于2倍的标准差（$R_{CB} \leq 2$）。另外，相关系数均大于0.8，KGE和NSE均大于0.5，BIAS均小于3 cm，RMSE均小于8 cm。除此之外，模拟的TWSA很好地捕捉到了2019年由于降水减少［附图5，图5.8（b）］导致的TWSA急剧减少。

表5.5　基于GRACE-TWSA的澜沧江上（LRNB）下（LRSB）流域模拟总水储量验证结果统计表

	$R_{cilmatology}$		KGE		NSE		BIAS/cm		RMSE/cm		R	
LRSB	1.12	1.3	0.7	0.72	0.6	0.64	2.35	2.36	6.7	6.6	0.84	0.85
LRNB	1.8	1.83	−1.22	−1.32	−0.81	−0.89	−4.33	−5.29	7.91	8.34	0.36	0.36

注：R、RMSE、NSE和KGE分别表示相关系数、均方根误差、Nash-Sutcliffe效率系数和Kling-Gupta效率系数。左边表示CMAGrid驱动模型结果，右边表示IMERG驱动模型结果。

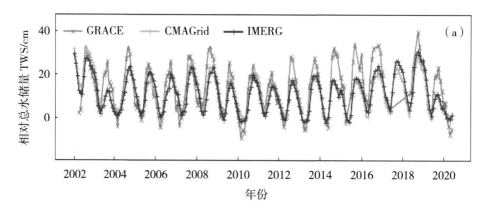

图5.8　模拟期间下游流域（a）～（b）和上游流域（c）～（d）总水储量变化曲线图和降水变化直方图

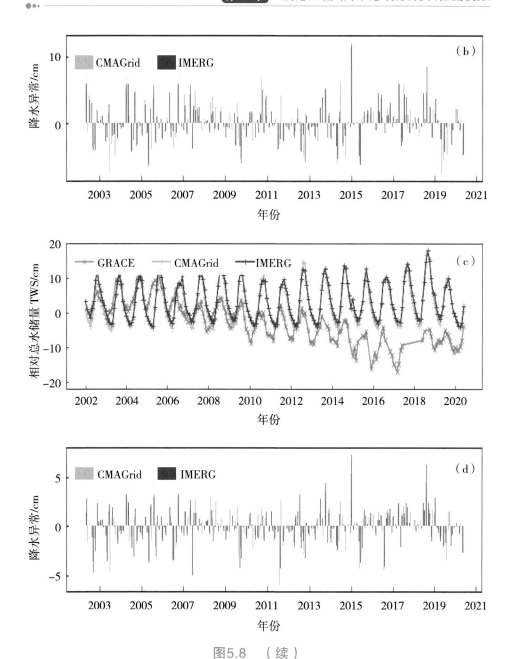

图5.8 （续）

上游流域的TWSA模拟结果与GRACE-TWSA匹配度较差，特别是最近10年内［图5.8（c）］。主要可能有以下几点因素导致：一是下游流域降水变化幅度（每月 ± 10 cm）是北部流域（ ± 5 cm）的2倍，这就可能导致上游对TWS变化响应较弱［图5.8（b）和（d）］。二是上游区域GRACE信号受到了周围流域TWSA变化的污染。三是由于自1995年以来，下游区域已经建设运行了一系列水库，水库的蓄水调节导致下游区域TWSA波动较大，所以信噪比较低，更容易捕捉到真实信号。

5.3.3　水位验证

基于最优水文参数率定方案2，图5.9选取了河段0上的3个虚拟站点进行水位验证，模型模拟WSE变化的计算方式见章节5.1.2。3个虚拟站点处于河段0不同的位置，模拟水位基本处于

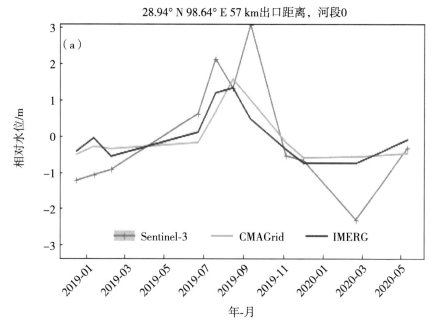

图5.9　河段0上3个选定的虚拟站点水位模拟验证结果

30.44° N 97.65° E 300 km出口距离, 河段0

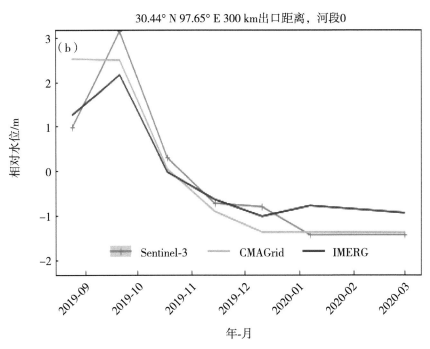

30.44° N 97.64° E 301 km出口距离, 河段0

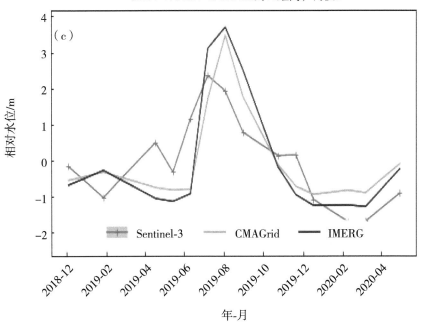

图5.9 (续)

Sentinel-3-WSE水位观测值的90％置信区间内，平均RMSE为1.18 m，在可接受范围内（DOMENEGHETTI et al.，2014；SCHNEIDER et al.，2017）。在河段0上游，河道大多处于山谷当中，河宽较窄（小于200 m），因此只有很少的采样点处于河面上方。而河段0下游，水位受到梯级水库调控影响，不能用来径流率定工作，所以本研究只使用了非常有限的虚拟站点WSE信息进行参数率定工作。

5.4 澜沧江梯级水库调控下径流重建与分析

根据5.1.2节的梯级水库调控下径流重建方案，分别得到小湾水库出流后戛旧水文站和糯扎渡出流后允景洪水文站的重建径流［图5.10（a）和（b）］。戛旧水文站（R=0.77，KGE=0.63，NSE=0.55）和允景洪水文站（R=0.8，KGE=0.79，NSE=0.7）重建径流和实测径流的季节性波动表现出良好的一致性（表5.6）。在重建径流与实测径流之间存在一定程度的滞后，并且洪水季节的重建径流峰值要略低于实测径流，但是在旱季重建径流和实测径流表现出相反的特征。这可能是由于本研究未考虑小湾水库和糯扎渡水库之间漫湾水库的调节作用，漫湾水库的总调节库容为25亿 m³（附表2），对削减洪峰补充旱季流量起到了一定的作用。此外，径流经过糯扎渡水库后受到大朝山水库和允景洪水库的调节，允景洪水文站实测径流已经失去了明显的季节性特征，使得实测径流与重建径流之间存在一定的偏差。但糯扎渡水库和小湾水库的总调节库容要远大于这几个小型水库，所以模型仍然取得了良好的模拟效果。2010—2018年，允景洪水文站模拟和观测径流之间的R、KGE和NSE分别为0.8、0.79和0.7，要远优于以往研究［Han（2020）中R=0.35］。

表5.6　重建的水库调控下径流（2010—2018年）在戛旧水文站和

允景洪水文站验证结果统计表

水文站	R		KGE		NSE		BIAS/（m³/s）		RMSE/（m³/s）	
戛旧	0.77	0.74	0.58	0.63	0.55	0.54	56	−26	327	311
允景洪	0.8	0.77	0.79	0.77	0.61	0.7	24	0.31	362	350

注：R、RMSE、NSE和KGE分别表示相关系数、均方根误差、Nash-Sutcliffe效率系数和Kling-Gupta效率系数。左边表示CMAGrid驱动模型结果，右边表示IMERG驱动模型结果。

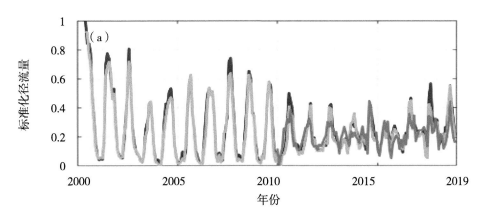

图5.10　水库调控下的戛旧水文站（a）和允景洪水文站（b）

径流时间序列验证结果

注：不同时期澜沧江出境（允景洪水文站）流量在气候变化和梯级水库调控下的差异，（c）气候基准图，阴影表示95％置信区间，（d）流量历时曲线图，阴影表示10％不确定性容限。

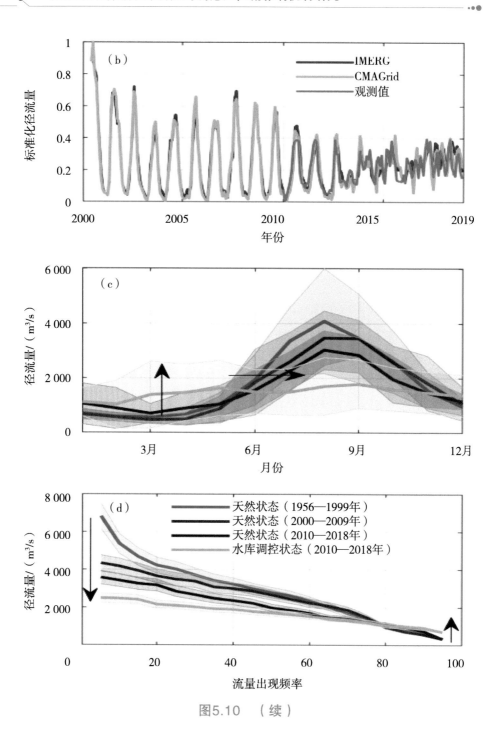

图5.10 （续）

5.5 气候变化及梯级水库调控对澜沧江出口径流影响

　　为了了解气候变化和梯级水库调节对出境流量（允景洪水文站）的影响，本研究把径流划分成了4个阶段（图5.10）：第1阶段是1956—1999年的天然径流状态（基于实测径流计算）；第2阶段是2000—2009年的天然径流状态（基于模拟径流计算）；第3阶段是2010—2018年的天然径流状态（基于模拟径流计算）；第4阶段是2010—2018年水库调节下径流状态（基于水库调控下模拟径流计算）。在天然径流状态下，由于气候变化，洪峰流量（流量出现频率<20%）逐渐减小［约47%，图5.10（d）］且出现的时间逐渐往后推迟和变短［约45 d，图5.10（c）］。而在旱季，天然径流状态的3个阶段流量相对平稳（200～1 000 m³/s）。2010—2018年水库调控时期，洪峰流量大幅度减少，旱季明显得到补充，对防洪抗旱起到了积极的作用。如图5.10（c）～（d）所示，在枯水期（11—4月）水库调节阶段径流（约1 400 m³/s）明显高于天然径流状态（约700 m³/s），而在丰水期（6—10月）水库调节径流（1 700～2 200 m³/s）明显低于天然径流状态（3 000～4 000 m³/s），最大偏差超过2 000 m³/s。总体而言，梯级水库削减洪峰流量约50%，补充旱季流量高达100%，起到很好的防洪抗旱作用。

5.6 / 讨论与不确定性分析

　　梯级水库蓄水变化量和梯级水库入流的模拟精度是影响重建水库调节后径流精度的2个重要因素。梯级水库蓄水量的计算在第4章进行了讨论与分析。根据以往研究，模拟径流验证结果NSE大于0.5则结果被认为可接受（BRIGHENTI et al., 2019）。本研究的梯级水库入流模拟采用了整合多目标的参数优化方案，在功果桥水文站的验证结果（R=0.88，KGE=0.87，NSE=0.77）表明，参数优化方案取得了较好的模拟效果。所以，重建的梯级水库调控下径流精度得到了保障。

　　基于模拟的天然径流，研究发现在过去60年的时间里径流状况发生了显著的变化，澜沧江流域出口丰水季持续时间缩短（约45 d），洪峰变得更为平缓，而枯水季的基流较为稳定［图5.10（c）～（d）］。澜沧江流域的持续暖干化，导致了流域出口径流从1956—2020年减少了约47 %（1956—2000年实测经历，2001—2020年模拟径流）。澜沧江流域近几十年来遭受干旱的频率和强度不断增加，特别是2019年（附图5）。由于季风异常、高温和高蒸发造成的厄尔尼诺现象，2019年4—7月流域经历了严重干旱（MEKONG RIVER COMMISSION, 2020）。研究表明，澜沧江流域在未来可能遭遇更频繁的干旱或洪涝水文极端事件（YUN et al., 2021），气候变化对澜沧江水资源的管理带来了新的挑战。

本研究描述了梯级水库的动态变化过程，并揭示了大型梯级水库调节在澜沧江径流演变过程中发挥的积极作用。重建的梯级水库调控下径流（2010—2018年）在允景洪水文站验证结果较好（R=0.8，KGE=0.79，NSE=0.7），优于Han（2020）的研究结果。与天然径流相比，梯级水库明显削减了丰水季的洪峰流量（50%），并补充了枯水季的旱季流量（100%）。梯级水库调控起到了很好的防洪抗旱的作用，可以缓解未来气候变化下的极端水文事件。例如，2016年澜沧江流域下游越南湄公河三角洲遭遇90年来最严重的干旱（CHEN et al.，2020），梯级水库的泄水有效减轻了下游的干旱程度。本研究为该地区现有工作提供了补充，为更深层次理解气候变化和梯级水库调控对自然径流状况的影响提供了重要参考。重要的是，本研究的研究方案很容易地应用到其他跨境流域，可以突破这些流域关于现有和规划水坝信息不足导致开展科学研究和制度合作的障碍。尽管如此，本研究基于多源对地观测数据进行模型率定和重建梯级水库调控下径流的研究工作仍存在一些局限，具体体现在以下的几个方面。

首先是水库蓄水量变化计算的不确定性，主要由SWE和WSE数据的不确定性组成。本研究使用最新一代SAR雷达测高任务Sentinel-3提取水库WSE的变化，大量研究表明Sentinel-3的精度要优于其他测高任务（HAN et al.，2019；JIANG et al.，2020；KITTEL et al.，2021；LE et al.，2019；MCMILLAN et al.，2019；WANG Y et al.，2018）。Sentinel-3测高任务的OLTC模式原则上可以大大提高内陆水体的探测能力，但是由于小湾水库和糯扎渡水库建坝前后的水位波动超过60 m，所以在研究期的使用仍然存在一定的局限（ZHANG et al.，2020a）。幸运的是，基于Sentinel-3任务Closed-loop模式可以很好地提取2016年5月至2019年3月之间的时间序列。此外，由于测高任务的长重返周期（Jason-2是10 d，Sentinel-3是27 d），所以时间序列上存在大量的数据缺失，而本研究使用的简单线性插值的方法补充了缺失数据，所以一部分水库调蓄过程仍然会被忽略。虽然，Sentinel-3在水库区域Closed-loop模式能探测到WSE数据，但是对于非水库区域的河道，由于狭窄和复杂的下垫面情况，所以虚拟站点获取的有效数据点较少。所以尽管参数率定方案3对径流调节的参数（d、n、a_1和a_2）具有约束能力，但是对方案1的提升非常有限（表5.4）。对于SWE的提取，大多数研究依赖于光学或者SAR影像，部分研究探索了多传感器融合方法的优势（DRUCE et al.，2021），并在中国区域得到了很好的应用。然而对于冰雪覆盖区域、密集淹没植被湿地区域和强风气候情况下，SWE监测仍然面临众多挑战。本研究拟合的非线性WSE-SWE关系比其他研究中使用的线性拟合关系（HAN et al.，2020；LIU et al.，2016a）更加合理，但是建立更加精确的蓄水量变化过程，需要进一步解决以上的挑战。

此外，GRACE反演的$TWSA$分辨率较为粗糙，其反映了区域所有的储量变化，如地下水、土壤水以及地表水库蓄水等。GRACE对大范围区域的水量变化更为准确，传感器的平均空间分辨为300 km。因此，流域内或附近的开阔水体或湿地包括怒江、金沙江和雅鲁藏布江等会对信号造成污染。澜沧江流域上游GRACE信号受到周围区域的影响，主要有以下几个原因：一是由于气温上升和降水减少，受印度季风主导的喜马拉雅山脉出现了明显的$TWSA$减少趋势（YAO et al.，2012）；二是来自印度西北部的地下水的持续开采与耗损导致印度西北部地下水衰竭严重（CHEN et al.，2014；LAPWORTH et al.，2015；RODELL et al.，2009）。总体而言，GRACE观测中的不确定性会影响模型参数优化的结果。例如，合理参数可能会被错误地舍弃，从而扭曲同时率定的*WSE*和*TWSA*结果。

5.7 小　结

本研究基于多源对地观测数据和集总概念性水文模型，提出了一种重建梯级水库调控下径流的方法。该方法采用了多目标的率定形式，在历史径流的基础上加入了Sentinel-3河道雷达测高水位和GRACE重力卫星水储量等数据，基于多目标完成了参数优化，从而模拟得到天然径流。梯级水库的动态变化过程通过测高*WSE*和影像*SWE*构建拟合曲线计算得到。

本研究基于全球免费的卫星对地观测数据，为资料缺乏流域的径流模拟提供重要参考。研究结果表明，基于历史径流数据和GRACE-TWSA多目标的率定方案要优于其他率定方案，模拟精度在昌都水文站和功果桥水文站显著改善，IMERG驱动模型的FDC目标函数模拟精度提高了71.26％和22.22％，CMAGrid驱动模型的CB目标函数模拟精度提高了19.61％和11.64％。此外，重建后水库调控下径流在戛旧水文站（R=0.77，KGE=0.63，NSE=0.55）和允景洪水文站（R=0.8，KGE=0.79，NSE=0.7）与实测径流表现出高度的一致性。

　　分析结果显示，气候变化和水电开发共同影响了澜沧江流域出口径流状况。自1956年以来，澜沧江流域持续的暖干化导致出口洪峰径流减少约47%，枯水季流量无明显变化。小湾水库和糯扎渡水库的蓄水运行，进一步削减了洪峰流量（50%），但是显著地补充了旱季流量（100%）。这也使得流域出口径流失去了明显的季节变化特征。本研究为评估气候变化和水库调节对澜沧江径流变化影响的研究提供了重要参考。

第6章

结论与展望

6.1 主要结论

气候变化和人类活动的双重影响下，澜沧江流域水文过程和水资源时空格局发生深刻变化。基于多源对地观测数据，本研究整合了多目标水文参数优化模型，在此基础上重建了天然条件以及水库调控下的澜沧江径流，主要结论如下。

澜沧江下游TWSA在2002—2009年和2010—2019年2个时期的时空分布模式存在显著差异。气候变化和水库建设是该地区TWSA变化的主要驱动因素，2010—2019年，降水显著减少（−34.68 cm/a），但是由于小湾和糯扎渡2个大型水库的蓄水运行，TWSA呈显著增加趋势（8.96 cm/a）。

研究区SWS在2002—2019年总体呈增长趋势，增长速率为0.51 cm/a。但是由于降水减少（−34.68 cm/a）和蒸发增强，导致水库稳定运行后蓄水量减少，SWS在2010—2019年呈减少趋势（−5.48 cm/a）。

研究区GWSA变化的线性趋势和GWSA保持一致，从2010年开始水库蓄水到水库稳定运行期间，GWS呈稳定上升的趋势（9.73 cm/a），这是由于水库持续补充地下水所导致。

基于多源对地观测的多目标水文模型参数优化方案远优于仅使用历史径流率定的模拟方法。IMERG驱动模型的FDC目标函数模拟精度提高了71.26％和19.61％，CMAGrid驱动模型的CB目标函数模拟精度提高了22.22％和11.64％。模拟天然径流验证结果平均R、KGE和NSE分别达到了0.88、0.86和0.77；重建梯级水库调控下径流验证结果平均R、KGE和NSE分别达到了0.8、0.79、0.7。

气候变化和水电开发共同影响了澜沧江流域出口径流状况，流域出口径流失去了明显的季节变化特征。自1956年以来，澜沧江流域持续的暖干化导致出口洪峰径流减少约47％，枯水季流量无明显变化。小湾水库和糯扎渡水库的蓄水运行，进一步削减了洪峰流量（50％），但是显著地补充了旱季流量（100％）。

6.2 / 研究创新点

6.2.1 基于对地观测数据，实现澜沧江梯级水库动态变化及天然径流系统模拟，重建水库调控下径流过程

了解水库动态变化过程和水库入流是重建水库调控下径流的前提，目前澜沧江梯级水库动态变化认识尚且不足，并且传统径流单目标率定方案模拟精度受限于实测数据。本研究基于开源的对地观测数据建立各水库水位、面积以及蓄水量变化的时间序列，分析水库动态变化过程。在挖掘历史径流特征信息的基础之上，深入探索卫星测高水位、重力卫星储水变化量等遥感对地观

测水文数据在水文模拟中的价值，采用流量历时曲线和气候基准法的多目标函数整合的水文模型参数率定方案，优化水文参数，提高入流模拟精度。基于水库水量变化和模拟入流，构建汇流方案，实现梯级水库调控下的径流重建。

6.2.2 实现气候变化和水库调控对流域出口径流影响程度以及对下游丰枯变化的水量控制效应的定量分析

基于重建的天然径流序列和水库调控下的径流序列，分析出口径流季节和年度变化特征及差异，分析每个梯级水库对入库径流的调节程度以及干湿季节调控差异，分析随着梯级水库的增多对整个流域出口径流丰枯变化的调控效应，并结合流域极端气候事件，探讨澜沧江流域防洪抗旱策略。在气候变化和流域旱涝灾害频发的背景下，有助于增强全流域的科学认知和互信，为防洪抗旱联合行动奠定基础。

6.3 不足与展望

本研究存在一定的不确定性。首先是数据的不确定性，使用GPM降水和ECMWF气温作为模型驱动数据，虽然数据精度较高，但是仍然存在一定的不确定性；尤其研究区地形地貌复杂，海拔变化较大，气候差异较为明显，研究表明，大多数降水数据在流域上游青藏高原地区存在低估情况。随着遥感卫星和技术的发展，有望获取空间分辨率更高、质量更高的驱动数据。其次是Sentinel-3雷达测高水位数据的不确定性，Sentinel-3虽然能在小湾水库和糯扎渡水库提供质量较高的水位数据，但是对于整个澜沧江流域而言，提供的可用虚拟站点信息较少，主要原因是由于澜沧江上游河道较窄、河谷较深，雷达测高信号容易受到周围环境的影响不能准确探测到水面信息；虽然GRACE和历史径流数据结合的水文模型率定结果较好，但是河流水位信息的缺乏，使得水文模型参数率定结果精度受到了局限；另外，澜沧江流域呈现南北分布的狭长形状，GRACE信号在一定程度上受到了周围流域水量变化信号的影响。再次是实测数据的缺乏，其中包括实测径流数据和实测水位数据的缺乏，使得水文模拟工作和验证工作受到局限。最后是模型本身的不确定性，由于本研究采用的是降水-径流集总式的水文模型，其结构较为简单，输入数据较少，如果考虑更为复杂的过程可以采用分布式水文模型或者各种水文模型的结合模型。

遥感卫星和技术的发展，给无资料或者资料稀缺地区的水文模拟研究提供了基础。未来SWOT等卫星计划的运行，将获取到更多、精度更高、质量更好的流域水资源信息，例如河宽、水位、蒸散发、土壤湿度等。这些遥感数据的发展与应用为流域水文模拟研究提供了新的思路。遥感数据覆盖广、时间长的优势，为开展全球尺度的水文模拟研究提供了可能。

主要参考文献

崔立鲁，宋哲，邹正波，等，2019. 重力卫星时变重力场位系数误差Fan滤波算法分析[J]. 科学技术与工程，19（15）：46-51.

崔立鲁，宋哲，邹正波，等，2020. 利用重力卫星监测中国西南地区陆地水储量变化[J]. 科学技术与工程，20（30）：12313-12317.

崔立鲁，朱贵发，2015. 利用重力卫星数据恢复地球质量迁移方法的研究[J]. 科学技术与工程，15（14）：106-109.

董磊华，熊立华，于坤霞，2012. 气候变化与人类活动对水文影响的研究进展[J]. 水科学进展，23（2）：278-285.

方勉，何君涛，符永铭，等，2020. GPM卫星降水数据在沿海地区的适用性分析：以三亚市为例[J]. 气象科技，48（5）：622-629.

何大明，刘昌明，冯彦，2014. 中国国际河流研究进展及展望[J]. 地理学报，69（9）：1284-1294.

何大明，冯彦，2006. 澜沧江干流水电开发的跨境水文效应[J]. 科学通报，51（B07）：14-20.

黄萍，许小华，李德龙，2018. 基于Sentinel-1卫星数据快速提取鄱阳湖水体面积[J]. 水资源研究，7（5）：54-62.

黄琦，王瑞敏，向俊燕，等，2020. 三种降水产品在雅砻江流域的时空适用性研究[J]. 水文，40（4）：14-21.

黄秋霞，赵勇，何清，2013. 基于CRU资料的中亚地区气候特征[J]. 干旱区研究，30（3）：396-403.

姜璐璐，吴欢，ALFIERI L，等，2020. 基于遥感与区域化方法的无资料流域水文模型参数优化方法[J]. 北京大学学报（自然科学版），56（6）：13.

雷凯旋，2020. 澜沧江下游水库发电、生态风险调度研究[D]. 西安：西安理工大学.

李爱华，崔胜玉，王红瑞，等，2017. 基于GRACE卫星时变重力场模型的黄河中游地区水储量变化研究[J]. 自然资源学报，32（3）：461-473.

李宝富，陈亚宁，陈忠升，等，2012. 西北干旱区山区融雪期气候变化对径流量的影响[J]. 地理学报，67（11）：1461-1470.

李芳，孔宇，高谦，2020. GPM/IMERG产品在鲁南地区的精度评估[J]. 48（4）：474-481.

李峰平，章光新，董李勤，2013. 气候变化对水循环与水资源的影响研究综述[J]. 地理科学，33（4）：457-464.

李兰海，尚明，张敏生，等，2014. APHRODITE降水数据驱动的融雪径流模拟[J]. 水科学进展，25（1）：1-10.

刘恒，刘九夫，唐海行，1998. 澜沧江流域（云南段）水资源开发利用现状及趋势分析[J]. 水科学进展，9（1）：1-10.

刘惠敏，2017. 基于ECMWF降雨资料和SWAT模型耦合的径流模拟研究[D]. 郑州：华北水利水电大学.

刘苏峡，AGRAWAL N K，丁文浩，2017. 澜沧江和怒江流域的气候变化及其对径流的影响[J]. 气候变化研究进展，13（4）：356-365.

龙瑞昊，2020. 考虑径流不确定性的澜沧江中下游水库群优化调度研究［D］. 西安：西安理工大学.

吕洋，杨胜天，蔡明勇，等，2013. TRMM卫星降水数据在雅鲁藏布江流域的适用性分析［J］. 自然资源学报，28（8）：1414-1425.

秦大河，2019.《中国国情与发展》论坛与"十四五"规划制定［J］. 中国科学院院刊，34（12）：114-115.

邱辉，郭云谦，李帅，等，2020. ECMWF集合降水预报在长江流域应用性能评估［J］. 人民长江，51（2）：71-76.

任余龙，石彦军，王劲松，等，2012. 英国CRU高分辨率格点资料揭示的近百年来青藏高原气温变化［J］. 兰州大学学报（自然科学版），48（6）：63-68.

邵颖，史岚，张狄，等，2014. 雨量计与星载测雨雷达资料结合的降水估算方法［J］. 气象科学，34（4）：390-396.

沈永平，苏宏超，王国亚，等，2013. 新疆冰川、积雪对气候变化的响应（II）：灾害效应［J］. 冰川冻土，35（6）：1355-1370.

孙赫，苏凤阁，2020. 雅鲁藏布江流域多源降水产品评估及其在水文模拟中的应用［J］. 地理科学进展，39（7）：1126-1139.

汪美华，谢强，王红亚，2003. 未来气候变化对淮河流域径流深的影响［J］. 地理研究，22（1）：79-88.

汪伟，2017. 气候变化情景下水库调度对湄公河洪水的影响研究［D］. 北京：清华大学.

王丹，王爱慧，2017. 1901-2013年GPCC和CRU降水资料在中国大陆的适用性评估［J］. 气候与环境研究，22（4）：446-462.

王国庆，张建云，刘九夫，2008. 气候变化和人类活动对河川径流影响的定量分析［J］. 中国水利，2（1）：55-58.

卫林勇，江善虎，任立良，等，2021. CRU产品在中国大陆的干旱事件时间性效用评估[J]. 水资源保护，2（1）：1-12.

闻新宇，王绍武，朱锦红，2006. 英国CRU高分辨率格点资料揭示的20世纪中国气候变化[J]. 大气科学，5（5）：894-904.

夏军，左其亭，2013. 我国水资源学术交流十年总结与展望[J]. 自然资源学报，28（9）：1488-1497.

徐宗学，程磊，2010. 分布式水文模型研究与应用进展[J]. 水利学报，41（9）：1009-1017.

许厚泽，周旭华，彭碧波，2005. 卫星重力测量[J]. 地理空间信息，1（1）：1-3.

许厚泽，钟敏，员美娟，等，2011. 星间距离影响GRACE地球重力场精度研究[J]. 大地测量与地球动力学，31（2）：60-65.

杨大文，徐宗学，李哲，等，2018. 水文学研究进展与展望[J]. 地理科学进展，37（1）：36-45.

杨大文，张树磊，徐翔宇，2015. 基于水热耦合平衡方程的黄河流域径流变化归因分析[J]. 中国科学，45（10）：1024-1034.

于瑞宏，张宇瑾，张笑欣，等，2016. 无测站流域径流预测区域化方法研究进展[J]. 水利学报，47（12）：1528-1539.

于旭，蔺强，2018. 跨境河流水资源开发策略探讨[J]. 水利水电快报，39（26）：21-24.

张东，宋献方，张应华，等，2018. 基于CRU格点数据集的近百年渭河流域降水变化[J]. 干旱区资源与环境，32（2）：142-148.

张利平，夏军，胡志芳，2009. 中国水资源状况与水资源安全问题分析[J]. 长江流域资源与环境，2（18）：116-120.

赵煜飞，朱江，2015. 近50年中国降水格点日值数据集精度及评价

［J］. 高原气象，34（1）：50-58.

周倩，2019. 长江上游干流区陆气耦合降雨径流预报研究［D］. 武汉：华中科技大学.

周天军，2012. APHRODITE高分辨率逐日降水资料在中国大陆地区的适用性［J］. 大气科学，36（2）：361-373.

ANDREW R, GUAN H, BATELAAN O, 2017. Estimation of GRACE water storage components by temporal decomposition［J/OL］. Journal of hydrology, 552：341-350. https://linkinghub. elsevier. com/retrieve/pii/S0022169417304183. DOI：10. 1016/j. jhydrol. 2017. 06. 016.

ARULRAJ M, BARROS A P, 2019. Improving quantitative precipitation estimates in mountainous regions by modelling low-level seeder-feeder interactions constrained by Global Precipitation Measurement Dual-frequency Precipitation Radar measurements ［J］. Remote sensing of environment：an interdisciplinary journal （2019）：231-252.

BABAEIAN E, SADEGHI M, JONES S B, et al., 2019. Ground, proximal, and satellite remote sensing of soil moisture ［J/OL］. Reviews of geophysics, 57（2）：530-616. https:// onlinelibrary. wiley. com/doi/10. 1029/2018RG000618.

BAUER-GOTTWEIN P, JENSEN I H, GUZINSKI R, et al., 2015. Operational river discharge forecasting in poorly gauged basins：The Kavango River basin case study［J/OL］. Hydrology and earth system sciences, 19（3）：1469-1485. https://hess. copernicus. org/articles/19/1469/2015/.

BIBI S, SONG Q, ZHANG Y, et al., 2021. Effects of climate change on terrestrial water storage and basin discharge in the lancang River Basin[J/OL]. Journal of hydrology: regional studies, 37: 100896. https://linkinghub. elsevier. com/retrieve/ pii/S2214581821001257.

BILLAH M M, GOODALL J L, NARAYAN U, et al., 2015. A methodology for evaluating evapotranspiration estimates at the watershed-scale using GRACE[J/OL]. Journal of hydrology, 523: 574-586. https://linkinghub. elsevier. com/retrieve/pii/ S0022169415000840.

BIORESITA F, PUISSANT A, STUMPF A, et al., 2018. A method for automatic and rapid mapping of water surfaces from sentinel-1 imagery[J/OL]. Remote Sensing, 10 (2): 217. http://www. mdpi. com/2072-4292/10/2/217.

BIORESITA F, PUISSANT A, STUMPF A, et al., 2019. Fusion of Sentinel-1 and Sentinel-2 image time series for permanent and temporary surface water mapping[J/OL]. International journal of remote sensing, 40 (23): 9026-9049. https://www. tandfonline. com/doi/full/10. 1080/01431161. 2019. 1624869.

BIRKETT C M, 1995. The contribution of TOPEX/POSEIDON to the global monitoring of climatically sensitive lakes[J/OL]. Journal of geophysical research, 100 (C12): 25179. http://doi. wiley. com/10. 1029/95JC02125.

BISKOP S, MAUSSION F, KRAUSE P, et al., 2016. Differences in the water-balance components of four lakes in the southerncentral Tibetan Plateau [J/OL]. Hydrology and earth system sciences, 20 (1): 209-225. https://hess. copernicus. org/ articles/20/209/2016/.

BONNEMA M, HOSSAIN F, 2019. Assessing the Potential of the Surface Water and Ocean Topography Mission for Reservoir Monitoring in the Mekong River Basin [J]. Water resources research, 55 (1): 444-461.

BORONINA A, RAMILLIEN G, 2008. Application of AVHRR imagery and GRACE measurements for calculation of actual evapotranspiration over the Quaternary aquifer (Lake Chad basin) and validation of groundwater models [J/OL]. Journal of hydrology, 348 (1-2): 98-109. https://linkinghub. elsevier. com/retrieve/pii/S0022169407005422.

BRAITHWAITE R J, ZHANG Y, 1999. Modelling changes in glacier mass balance that may occur as a result of climate changes [J/OL]. Geografiska annaler, series a: physical geography, 81 (4): 489-496. http://doi. wiley. com/10. 1111/j. 0435-3676. 1999. 00078. x.

BRAITHWAITE R J, ZHANG Y, 2000. Sensitivity of mass balance of five Swiss glaciers to temperature changes assessed by tuning a degree-day model [J/OL]. Journal of glaciology, 46 (152): 7-14. https://www. cambridge. org/core/product/ identifier/S0022143000213798/type/journal_article.

BRIGHENTI T M, BONUMÁ N B, GRISON F, et al., 2019. Two calibration methods for modeling streamflow and suspended sediment with the swat model[J/OL]. Ecological engineering, 127: 103-113. https://linkinghub. elsevier. com/retrieve/pii/ S092585741830418X.

BUSKER T, DE ROO A, GELATI E, et al., 2019. A global lake and reservoir volume analysis using a surface water dataset and satellite altimetry[J/OL]. Hydrology and earth system sciences, 23 (2): 669-690. https://hess. copernicus. org/ articles/23/669/2019/.

CHAI W, HUANG Y, YANG L, et al., 2022. Evaluation of re-analyses over China based on the temporal asymmetry of daily temperature variability[J/OL]. Theoretical and applied climatology, 147 (1-2): 753-765. https://link. springer. com/10. 1007/s00704-021-03839-y.

CHEN J, LI J, ZHANG Z, et al., 2014. Long-term groundwater variations in Northwest India from satellite gravity measurements [J/OL]. Global and planetary change, 116: 130-138. https:// linkinghub. elsevier. com/retrieve/pii/S0921818114000526.

CHEN X, ZHENG Y, XU B, et al., 2020. Balancing competing interests in the Mekong River Basin via the operation of cascade hydropower reservoirs in China: Insights from system modeling [J/OL]. Journal of cleaner production, 254: 119967. https:// linkinghub. elsevier. com/retrieve/pii/S0959652620300147.

CHENG R R, CHEN Q W, ZHANG J G, et al., 2020. Soil moisture variations in response to precipitation in different vegetation types: A multi-year study in the loess hilly region in

China [J/OL]. Ecohydrology, 13（3）. https://onlinelibrary. wiley. com/doi/10. 1002/eco. 2196.

CHIEN H, YEH P J F, KNOUFT J H, 2013. Modeling the potential impacts of climate change on streamflow in agricultural watersheds of the Midwestern United States [J/OL]. Journal of hydrology, 491：73-88. https://linkinghub. elsevier. com/ retrieve/pii/S0022169413002357.

CLEVELAND R B, CLEVELAND W S, MCRAE J E, et al., 1990. STL：A seasonal-trend decomposition procedure based on loess [J]. Journal of official statistics, 6（1）：3-73.

DEMIREL M C, MAI J, MENDIGUREN G, et al., 2018. Combining satellite data and appropriate objective functions for improved spatial pattern performance of a distributed hydrologic model [J]. Hydrology and earth system sciences, 22（2）：1299-1315.

DOMENEGHETTI A, TARPANELLI A, BROCCA L, et al., 2014. The use of remote sensing-derived water surface data for hydraulic model calibration [J/OL]. Remote sensing of environment, 149：130-141. https://linkinghub. elsevier. com/ retrieve/pii/S003442571400145X.

DRUCE D, TONG X, LEI X, et al., 2021. An optical and SAR based fusion approach for mapping surface water dynamics over mainland China [J/OL]. Remote sensing, 13（9）：1663. https://www. mdpi. com/2072-4292/13/9/1663.

GAO H, BIRKETT C, LETTENMAIER D P, 2012. Global

monitoring of large reservoir storage from satellite remote sensing [J/OL]. Water resources research, 48 (9): 1-12. https:// onlinelibrary. wiley. com/doi/10. 1029/2012WR012063.

GELARO R, MCCARTY W, SUÁREZ M J, et al., 2017. The modern-era retrospective analysis for research and applications, version 2 (MERRA-2) [J]. Journal of climate, 30 (14): 5419-5454.

GULÁCSI A, KOVÁCS F, 2020. Sentinel-1-imagery-based high-resolution water cover detection on wetlands, aided by google earth engine [J/OL]. Remote sensing, 12 (10): 1614. https:// www. mdpi. com/2072-4292/12/10/1614.

HAN Z, LONG D, FANG Y, et al., 2019. Impacts of climate change and human activities on the flow regime of the dammed Lancang River in Southwest China [J/OL]. Journal of hydrology, 570: 96-105. https://doi. org/10. 1016/j. jhydrol. 2018. 12. 048.

HAN Z, LONG D, HUANG Q, et al., 2020. Improving reservoir outflow estimation for ungauged basins using satellite observations and a hydrological model [J]. Water resources research, 56 (9): 1-24.

HER Y, YOO S-H, CHO J, et al., 2019. Uncertainty in hydrol ogical analysis of climate change: multi-parameter vs. multi-GCM ensemble predictions [J/OL]. Scientific reports, 9 (1): 4974. https://www. nature. com/articles/s41598-019-41334-7.

HOANG L P, LAURI H, KUMMU M, et al., 2016. Mekong River flow and hydrological extremes under climate change [J/

OL]. Hydrology and earthsystem sciences, 20（7）: 3027-3041. https://hess. copernicus. org/articles/20/3027/2016/.

HRACHOWITZ M, SAVENIJE H H G, BLÖSCHL G, et al., 2013. A decade of predictions in Ungauged Basins （PUB）-a review[J/OL]. Hydrological sciences journal, 58（6）: 1198-1255. https://www. tandfonline. com/doi/full/10. 1080/02626667. 2013. 803183.

HU Y, CHENG H, 2017. Displacement efficiency of alternative energy and trans-provincial imported electricity in China[J/OL]. Nature communications, 8（1）: 14590. http://www. nature. com/articles/ncomms14590.

HU S, MO X, 2021. Attribution of long-term evapotranspiration trends in the mekong river basin with a remote sensing-based process model[J/OL]. Remote sensing, 13（2）: 1-18. https:// www. mdpi. com/2072-4292/13/2/303.

HUANG Q, LONG D, DU M, et al., 2018. Discharge estimation in high-mountain regions with improved methods using multisource remote sensing: A case study of the Upper Brahmaputra River[J/OL]. Remote sensing of environment, 219（August）: 115-134. https://doi. org/10. 1016/j. rse. 2018. 10. 008.

HUANG Q, LONG D, DU M, et al., 2020. Daily continuous river discharge estimation for ungauged basins using a hydrologic model calibrated by satellite altimetry: implications for the SWOT mission[J]. Water resources research, 56（7）: 1-27.

HULSMAN P, WINSEMIUS H C, MICHAILOVSKY C I,

et al., 2020. Using altimetry observations combined with GRACE to select parameter sets of a hydrological model in a data-scarce region [J]. Hydrology and earth system sciences, 24 (6): 3331-3359.

IMMERZEEL W W, DROOGERS P, 2008. Calibration of a distributed hydrological model based on satellite evapotranspiration [J/OL]. Journal of hydrology, 349 (3-4): 411-424. https:// linkinghub. elsevier. com/retrieve/pii/S0022169407006944.

JIANG L, WESTPHAL CHRISTENSEN S, BAUER-GOTTWEIN P, 2021. Calibrating 1D hydrodynamic river models in the absence of cross-section geometry using satellite observations of water surface elevation and river width [J/OL]. Hydrology and earth system sciences, 25 (12): 6359-6379. https://hess. copernicus. org/articles/25/6359/2021/.

JIANG L, NIELSEN K, ANDERSEN O B, et al., 2020a. A Bigger Picture of how the Tibetan lakes have changed over the past decade revealed by cryoSat-2 altimetry [J]. Journal of geophysical research: atmospheres, 125 (23): 1-15.

JIANG L, NIELSEN K, DINARDO S, et al., 2020b. Evaluation of Sentinel-3 SRAL SAR altimetry over Chinese rivers [J/OL]. Remote sensing of environment, 237 (3): 111546. https://doi. org/10. 1016/j. rse. 2019. 111546.

JIANG L, WU H, TAO J, et al., 2020c. Satellite-based evap otranspiration in hydrological model calibration [J/OL]. Remote sensing, 12 (3): 428. https://www. mdpi. com/2072-

4292/12/3/428.

JING W, ZHAO X, YAO L, et al., 2020. Variations in terrestrial water storage in the Lancang-Mekong river basin from GRACE solutions and land surface model[J/OL]. Journal of hydrology, 580（9）: 124258. https://doi. org/10. 1016/j. jhydrol. 2019. 124258.

KABIR T, POKHREL Y, FELFELANI F, 2022. On the precipitation-induced uncertainties in process-based hydrological modeling in the mekong river basin[J/OL]. Water resources research, 58（2）: 1-20. https://onlinelibrary. wiley. com/doi/10. 1029/2021WR030828.

KITTEL C M M, ARILDSEN A L, DYBKJAER S, et al., 2020. Informing hydrological models of poorly gauged river catchments - A parameter regionalization and calibration approach[J/OL]. Journal of Hydrology, 587（2）: 124999. https://doi. org/10. 1016/j. jhydrol. 2020. 124999.

KITTEL C M M, JIANG L, TØTTRUP C, et al., 2021. Sentinel-3 radar altimetry for river monitoring-A catchment-scale evaluation of satellite water surface elevation from Sentinel-3A and Sentinel-3B[J/OL]. Hydrology and earth system sciences, 25（1）: 333-357. https://hess. copernicus. org/articles/25/333/2021/.

KITTEL C M M, NIELSEN K, TØTTRUP C, et al., 2018. Informing a hydrological model of the Ogooué with multi-mission remote seansing data[J]. Hydrology and earth system sciences, 22（2）: 1453-1472.

KNOCHE M, FISCHER C, POHL E, et al., 2014. Combined

uncertainty of hydrological model complexity and satellite-based forcing data evaluated in two data-scarce semi-arid catchments in Ethiopia[J/OL]. Journal of hydrology, 519: 2049-2066. https://linkinghub. elsevier. com/retrieve/pii/S0022169414007835.

KONAPALA G, MISHRA A K, WADA Y, et al., 2020. Climate change will affect global water availability through compounding changes in seasonal precipitation and evaporation[J/OL]. Nature Communications, 11 (1): 3044. http://www. nature. com/articles/s41467-020-16757-w.

KONG D, MIAO C, WU J, et al., 2016. Impact assessment of climate change and human activities on net runoff in the Yellow River Basin from 1951 to 2012[J/OL]. Ecological engineering, 91: 566-573. https://linkinghub. elsevier. com/retrieve/pii/S0925857416301252.

KRAEMER B M, SEIMON A, ADRIAN R, et al., 2020. Worldwide lake level trends and responses to background climate variation[J/OL]. Hydrology and earth system sciences, 24 (5): 2593-2608. https://hess. copernicus. org/articles/24/2593/2020/.

KUNNATH-POOVAKKA A, RYU D, RENZULLO L J, et al., 2016. The efficacy of calibrating hydrologic model using remotely sensed evapotranspiration and soil moisture for streamflow prediction[J/OL]. Journal of hydrology, 535: 509-524. https://linkinghub. elsevier. com/retrieve/pii/S0022169416300439.

LANDERER F W, SWENSON S C, 2012. Accuracy of scaled GRACE terrestrial water storage estimates[J/OL]. Water resources research,

48（4）：4531. http://doi. wiley. com/10. 1029/2011WR011453.

LAPWORTH D J, MACDONALD A M, KRISHAN G, et al., 2015. Groundwater recharge and age-depth profiles of intensively exploited groundwater resources in northwest India[J/OL]. Geophysical research letters, 42（18）：7554-7562. https:// onlinelibrary. wiley. com/doi/10. 1002/2015GL065798.

LAURI H, DE MOEL H, WARD P J, et al., 2012. Future changes in Mekong River hydrology：impact of climate change and reservoir operation on discharge[J/OL]. Hydrology and earth system sciences, 16（12）：4603-4619. https://hess. copernicus. org/articles/16/4603/2012/.

LEHNER B, LIERMANN C R, REVENGA C, et al., 2011. High-resolution mapping of the world's reservoirs and dams for sustainable river-flow management[J/OL]. Frontiers in ecology and the environment, 9（9）：494-502. https://onlinelibrary. wiley. com/doi/abs/10. 1890/100125.

LI Q, LIU X, ZHONG Y, et al., 2021. Estimation of terrestrial water storage changes at small basin scales based on multi-source data[J/OL]. Remote sensing, 13（16）：3304. https://www. mdpi. com/2072-4292/13/16/3304.

LIANG J, LIU D, 2020. A local thresholding approach to flood water delineation using Sentinel-1 SAR imagery[J/OL]. ISPRS Journal of photogrammetry and remote sensing, 159：53-62. https://linkinghub. elsevier. com/retrieve/pii/S0924271619302540.

LIU K T, TSENG K H, SHUM C K, et al., 2016a. Assessment

of the impact of reservoirs in the upper mekong river using satellite radar altimetry and remote sensing imageries[J/OL]. remote sensing, 8（5）：367. http://www. mdpi. com/2072-4292/8/5/367.

LIU Z, YAO Z, WANG R, 2016b. Contribution of glacial melt to river runoff as determined by stable isotopes at the source region of the Yangtze River, China[J/OL]. Hydrology research, 47（2）：442-453. https://iwaponline. com/hr/article/47/2/442/1298/Contribution-of-glacial-melt-to-river-runoff-as.

LONG D, SHEN Y, SUN A, et al., 2014. Drought and flood monitoring for a large karst plateau in Southwest China using extended GRACE data[J]. Remote sensing of environment.

LONG D, YANG W, SCANLON B R, et al., 2020. South-to-North Water Diversion stabilizing Beijing's groundwater levels [J/OL]. Nature communications, 11（1）：3665. http://www. nature. com/articles/s41467-020-17428-6.

LONGUEVERGNE L, WILSON C R, SCANLON B R, et al., 2013. GRACE water storage estimates for the middle east and other regions with significant reservoir and lake storage[J]. Hydrology and earth system sciences, 17（12）：4817-4830.

LU H, 2003. Decomposition of vegetation cover into woody and herbaceous components using AVHRR NDVI time series[J/OL]. Remote sensing of environment, 86（1）：1-18. https://linkinghub. elsevier. com/retrieve/pii/S0034425703000543.

MA Y, HU Z, XIE Z, et al., 2020a. A long-term（2005—2016）

dataset of integrated land-atmosphere interaction observations on the Tibetan Plateau[J]. Earth system science data discussions, 1-23.

MA D, XU Y P, XUAN W, et al., 2020b. Do model parameters change under changing climate and land use in the upstream of the Lancang River Basin, China?[J/OL]. Hydrological sciences journal, 65（11）: 1-15. http://dx. doi. org/10. 1016/j. jallcom. 2011. 09. 092.

MA Y, YANG Y, HAN Z, et al., 2018. Comprehensive evaluation of ensemble multi-satellite precipitation dataset using the dynamic bayesian model averaging scheme over the Tibetan plateau[J/OL]. Journal of hydrology, 556: 634-644. https://linkinghub. elsevier. com/retrieve/pii/S0022169417308156.

MCMILLAN M, MUIR A, SHEPHERD A, et al., 2019. Sentinel-3 Delay-Doppler altimetry over Antarctica[J]. Cryosphere, 13（2）: 709-722.

MEKONG RIVER COMMISSION, 2020. Mekong River Commission Annual Report 2019[R/OL]. https://reliefweb. int/report/cambodia/ mekong-river-commission-annual-report-2019.

MO X, WU J J, WANG Q, et al., 2016. Variations in water storage in China over recent decades from GRACE observations and GLDAS [J/OL]. Natural hazards and earth system sciences, 16（2）: 469-482. https://nhess. copernicus. org/articles/16/469/2016/.

MORROW E, MITROVICA J X, FOTOPOULOS G, 2011. Water storage, net precipitation, and evapotranspiration in the mackenzie river basin from october 2002 to september 2009 Inferred from GRACE satellite gravity data[J/OL]. Journal of hydrometeorology, 12（3）：467-473. http://journals. ametsoc. org/doi/10. 1175/2010JHM1278. 1.

NATHAN A J, SCOBELL A, 2012. How China sees America [J/OL]. Foreign Affairs, 91（5）：232. https://doi. org/10. 1016/j. jhydrol. 2020. 124999.

OGDEN S, 2023. The impact of China's dams on the mekong river Basin：governance, sustainable development, and the energy-water nexus[J/OL]. Journal of contemporary China, 32 （139）：152-169. https://www. tandfonline. com/doi/full/10. 1080/10670564. 2022. 2052445.

PADRÓN R S, GUDMUNDSSON L, DECHARME B, et al., 2020. Observed changes in dry-season water availability attributed to human-induced climate change[J/OL]. Nature geoscience, 13（7）：477-481. http://www. nature. com/articles/s41561-020-0594-1.

PAN Y, ZHANG C, GONG H, et al., 2017. Detection of human-induced evapotranspiration using GRACE satellite observations in the Haihe River basin of China[J/OL]. Geophysical research letters, 44（1）：190-199. http://doi. wiley. com/10. 1002/2016 GL071287.

PEKEL J F, COTTAM A, GORELICK N, et al., 2016. High-resolution mapping of global surface water and its long-term changes[J]. Nature, 540（7633）：418-422.

PICKENS A H, HANSEN M C, HANCHER M, et al., 2020. Mapping and sampling to characterize global inland water dynamics from 1999 to 2018 with full Landsat time-series[J/OL]. Remote Sensing of Environment, 243（12）: 111792. https:// linkinghub. elsevier. com/retrieve/pii/S0034425720301620.

RÄSÄNEN T A, KOPONEN J, LAURI H, et al., 2012. Downstream hydrological impacts of hydropower development in the upper mekong Basin[J]. Water resources management.

RÄSÄNEN T A, SOMETH P, LAURI H, et al., 2017. Observed river discharge changes due to hydropower operations in the Upper Mekong Basin[J]. Journal of hydrology, 545（1）: 28-41.

RAZAVI T, COULIBALY P, 2013. Streamflow prediction in ungauged basins: review of regionalization methods[J/OL]. Journal of hydrologic engineering, 18（8）: 958-975. http:// ascelibrary. org/doi/10. 1061/ %28ASCE %29HE. 1943-5584. 0000690.

REICHLE R H, DRAPER C S, LIU Q, et al., 2017. Assessment of MERRA-2 land surface hydrology estimates[J/OL]. Journal of climate, 30（8）: 2937-2960. https://journals. ametsoc. org/ doi/10. 1175/JCLI-D-16-0720. 1.

RICHEY A S, THOMAS B F, LO M, et al., 2015. Quantifying renewable groundwater stress with <scp>GRACE</scp>[J/ OL]. Water resources research, 51（7）: 5217-5238. https:// onlinelibrary. wiley. com/doi/abs/10. 1002/2015WR017349.

RODELL M, FAMIGLIETTI J S, WIESE D N, et al., 2018. Emerging trends in global freshwater availability[J]. Nature, 557(7707): 651-659.

RODELL M, VELICOGNA I, FAMIGLIETTI J S, 2009. Satellite-based estimates of groundwater depletion in India[J/OL]. Nature, 460(7258): 999-1002. http://www. nature. com/ articles/nature08238.

SANKARASUBRAMANIAN A, VOGEL R M, LIMBRUNNER J F, 2001. Climate elasticity of streamflow in the United States[J/OL]. Water resources research, 37(6): 1771-1781. http://doi. wiley. com/10. 1029/2000WR900330.

SCANLON B R, ZHANG Z, SAVE H, et al., 2018. Global models underestimate large decadal declining and rising water storage trends relative to GRACE satellite data[J/OL]. Proceedings of the national academy of sciences, 115(6): E1080-E1089. http://www. pnas. org/lookup/doi/10. 1073/pnas. 1704665115.

SCHNEIDER R, NYGAARD GODIKSEN P, VILLADSEN H, et al., 2017. Application of CryoSat-2 altimetry data for river analysis and modelling[J/OL]. Hydrology and earth system sciences, 21(2): 751-764. https://hess. copernicus. org/ articles/21/751/2017/.

SPENNEMANN P C, RIVERA J A, SAULO A C, et al., 2015. A comparison of GLDAS soil moisture anomalies against standardized precipitation index and multisatellite estimations over South America[J/OL]. Journal of hydrometeorology, 16（1）：158-171. http://journals. ametsoc. org/doi/10. 1175/ JHM-D-13-0190. 1.

SWENSON S, WAHR J, 2009. Monitoring the water balance of Lake Victoria, East Africa, from space[J/OL]. Journal of hydrology, 370（1-4）：163-176. https://linkinghub. elsevier. com/retrieve/pii/S0022169409001516.

TAN J, PETERSEN W A, KIRSTETTER P E, et al., 2017. Performance of IMERG as a function of spatiotemporal scale[J]. Journal of hydrometeorology, 18（2）：307-319.

TAO J, WU D, GOURLEY J, et al., 2016. Operational hydrological forecasting during the IPHEx-IOP campaign-Meet the challenge[J/OL]. Journal of hydrology, 541：434-456. https:// linkinghub. elsevier. com/retrieve/pii/S002216941630052X.

TAPLEY B D, 2004. GRACE measurements of mass variability in the earth system[J/OL]. Science, 305（5683）：503- 505. https://www. sciencemag. org/lookup/doi/10. 1126/science. 1099192.

TAPLEY B D, BETTADPUR S, WATKINS M, et al., 2004. The gravity recovery and climate experiment：Mission overview and early results[J/OL]. Geophysical research letters, 31（9）： 1-10. http://doi. wiley. com/10. 1029/2004GL019920.

TAREK M, BRISSETTE F P, ARSENAULT R, 2020. Evaluation of the ERA5 reanalysis as a potential reference dataset for hydrological modelling over North America[J/OL]. Hydrology and earth system sciences, 24（5）: 2527-2544. https://hess. copernicus. org/articles/24/2527/2020/.

TIWARI S, KAR S C, BHATLA R, 2015. Snowfall and snowmelt variability over himalayan region in inter-annual timescale［J］. Aquatic procedia, 4: 942-949.

VAN GRIENSVEN A, NDOMBA P, YALEW S, et al., 2012. Critical review of SWAT applications in the upper Nile basin countries［J/OL］. Hydrology and earth system sciences, 16（9）: 3371-3381. https://hess. copernicus. org/articles/16/3371/2012/.

WANDERS N, BIERKENS M F P, DE JONG S M, et al., 2014. The benefits of using remotely sensed soil moisture in parameter identification of large-scale hydrological models［J/OL］. Water resources research, 50（8）: 6874-6891. http://doi. wiley. com/10. 1002/2013WR014639.

WANG J, SONG C, REAGER J T, et al., 2018. Recent global decline in endorheic basin water storages［J/OL］. Nature geos. cience, 11（12）: 926-932. http://www. nature. com/articles/ s41561-018-0265-7.

WANG L, GONG W, HU B, et al., 2015. Analysis of photo synthetically active radiation in Northwest China from observation and estimation［J/OL］. International journal of biometeorology, 59（2）: 193-204. http://link. springer. com/10. 1007/s00484-014-0835-3.

WANG L, KABAN M K, THOMAS M, et al., 2019. The challenge of spatial resolutions for GRACE-based estimates volume changes of larger Man-Made Lake: The Case of China's three gorges reservoir in the Yangtze River[J/OL]. Remote sensing, 11 (1): 99. https://www. mdpi. com/2072-4292/11/1/99.

WANG R, YAO Z, LIU Z, et al., 2015. Snow cover variability and snowmelt in a high-altitude ungauged catchment[J/OL]. Hydrological processes, 29 (17): 3665-3676. http://doi. wiley. com/10. 1002/hyp. 10472.

WANG W, LU H, RUBY LEUNG L, et al., 2017. Dam Construction in Lancang-Mekong River Basin could mitigate future flood risk from warming-induced intensified rainfall[J]. Geophysical research letters, 44 (20): 10, 378-380, 386.

WANG Y, YÉSOU H, 2018. Remote sensing of floodpath lakes and wetlands: A challenging frontier in the monitoring of changing environments[J/OL]. Remote sensing, 10 (12): 1955. http://www. mdpi. com/2072-4292/10/12/1955.

WATKINS M M, WIESE D N, YUAN D N, et al., 2015. Improved methods for observing Earth's time variable mass distribution with GRACE using spherical cap mascons[J/OL]. Journal of geophysical research: solid earth, 120 (4): 2648-2671. http://doi. wiley. com/10. 1002/2014JB011547.

WIESE D N, LANDERER F W, WATKINS M M, 2016. Quantifying and reducing leakage errors in the JPL RL05M GRACE mascon solution[J/OL]. Water resources research, 52 (9): 7490-7502. http://doi. wiley. com/10. 1002/2016WR019344.

WOO M-K, THORNE R, 2006. Snowmelt contribution to discharge

from a large mountainous catchment in subarctic Canada〔J/OL〕. Hydrological processes, 20（10）: 2129-2139. http://doi. wiley. com/10. 1002/hyp. 6205.

WU H, ADLER R F, TIAN Y, et al., 2014. Real-time global flood estimation using satellite-based precipitation and a coupled land surface and routing model〔J/OL〕. Water resources research, 50（3）: 2693-2717. http://doi. wiley. com/10. 1002/2013WR014710.

XU X, FREY S K, MA D, 2022. Hydrological performance of ERA5 and MERRA-2 precipitation products over the Great Lakes Basin〔J/OL〕. Journal of hydrology: regional studies, 39: 100982. https://linkinghub. elsevier. com/retrieve/pii/S2214581821002111.

YAO T, THOMPSON L, YANG W, et al., 2012. Different glacier status with atmospheric circulations in Tibetan Plateau and surroundings〔J/OL〕. Nature climate change, 2（9）: 663-667. http://www. nature. com/articles/nclimate1580.

YATAGAI A, MINAMI K, MASUDA M, et al., 2019. Development of Intensive APHRODITE hourly precipitation data for assessment of the moisture transport that caused heavy precipitation events〔J〕. SOLA, 15A: 43-48.

YUN X, TANG Q, LI J, et al., 2021. Can reservoir regulation mitigate future climate change induced hydrological extremes in the Lancang-Mekong River Basin〔J/OL〕. Science of the total environment, 785: 147322. https://doi. org/10. 1016/j. scitotenv. 2021. 147322.

YUN X, TANG Q, WANG J, et al., 2020. Impacts of climate change and reservoir operation on streamflow and flood characteristics in the Lancang-Mekong River Basin[J/OL]. Journal of hydrology, 590: 125472. https://linkinghub. elsevier. com/retrieve/pii/S002216942030932X.

ZAITCHIK B F, RODELL M, OLIVERA F, 2010. Evaluation of the Global Land Data Assimilation System using global river discharge data and a source-to-sink routing scheme[J/OL]. Water Resources Research, 46 (6): 1-10. http://doi. wiley. com/10. 1029/2009WR007811.

ZARFL C, LUMSDON A E, BERLEKAMP J, et al., 2014. A global boom in hydropower dam construction[J]. Aquatic sciences, 77 (1): 161-170.

ZHANG X, JIANG L, KITTEL C M M, et al., 2020a. On the performance of sentinel-3 altimetry over new reservoirs: approaches to determine onboard a priori elevation[J]. Geophysical research letters, 47 (17): 1-11.

ZHANG X, WANG R, YAO Z, et al., 2020b. Variations in glacier volume and snow cover and their impact on lake storage in the Paiku Co Basin, in the Central Himalayas[J/OL]. Hydrological processes, 34 (8): 1920-1933. https://onlinelibrary. wiley. com/doi/abs/10. 1002/hyp. 13703.

ZHANG Z, ZHANG M, CAO C, et al., 2020c. A dataset of microclimate and radiation and energy fluxes from the Lake Taihu eddy flux network[J]. Earth system science data, 12 (4):

2635-2645.

ZHONG R, ZHAO T, CHEN X, 2020. Hydrological model calibration for dammed basins using satellite altimetry information [J/OL]. Water resources research, 56 (8): 1-23. https://onlinelibrary. wiley. com/doi/10. 1029/2020WR027442.

附　　表

附表1　测高卫星参数信息表

卫星名称	运行时间（年-月）	发射机构	高度计	轨道高度/km	轨道倾角/°	重访周期/d	波段
SKYLAB	1973-05—1974-10	NASA	S193	435	—	—	Ku
GEOS-3	1975-04—1979-07	NASA	ALT	845	115	—	Ku, C
SEASAT	1978-06—1978-10	NASA	ALT	800	108	17	Ku
Geosat	1985-03—1990-01	US Navy	Radar Alt	800	108	17	Ku
GFO	1998-02—2008-10	US Navy/NOAA	GFO-RA	800	108	17	Ku
ERS-1	1991-07—2000-03	ESA	RA	785	98.52	35	Ku
ERS-2	1995-04—2011-07	ESA	RA	785	98.52	35	Ku
Envisat	2002-03—2012-04	ESA	RA-2	800	98	35	Ku, S

附表1 （续）

卫星名称	运行时间（年-月）	发射机构	高度计	轨道高度/km	轨道倾角/°	重访周期/d	波段
SARAL	2013-02—至今	ISRO/CNES	Altika	790	98.54	35	Ka
TOPEX/Poseidon	1992-08—2005-10	NASA/CNES	Poseidon-1	1 336	66	9.915 6	Ku, C
Jason-1	2001-12—2013-06	NASA/CNES	Poseidon-2	1 336	66	9.915 6	Ku, C
Jason-2	2008-06—至今	NASA/CNES/Eumetsat/NOAA	Poseidon-3	1 336	66	9.915 6	Ku, C
Jason-3	2016-01—至今	NASA/CNES/Eumetsat/NOAA	Poseidon-3B	1 336	66	9.915 6	Ku, C
ICESat	2003-01—2009	NASA	GLAS	600	94	183	激光
Cryosat-1	2005-10（失败）	ESA	SIRAL	720	92	—	—
Cryosat-2	2010-04—至今	ESA	SIRAL	720	92	36 928	Ku
HY-2	2011-09—至今	NMRSL/CSSAR/CAS	Alt	965	99.3	14 168	Ku, C

附表1　（续）

卫星名称	运行时间（年-月）	发射机构	高度计	轨道高度/km	轨道倾角/°	重访周期/d	波段
Sentinel-3A	2016-02—至今	ESA	SRAL	814.5	98.64	27	Ku, C
Sentinel-3B	2019-03—至今	ESA	SRAL	814.5	98.64	27	Ku, C

附表2　澜沧江水电站开发详表

坝名	纬度/°N	经度/°E	#1	#2	#3	#4	#5	#6	#7	#8
勐松	21.780	101.147	493	0	0	已取消	—	—	519	519
橄榄坝	21.861	100.914	523	0.313	0.723 6	规划中	—	60.5	533	533
景洪	22.053	100.767	535	2.3	12.33	已建成	2009	118	602	595
糯扎渡	22.634	100.433	602	124	227.41	已建成	2012	261.5	812	756
大朝山	24.025	100.370	807	3.76	9.4	已建成	2003	118	899	887
漫湾	24.622	100.449	895	2.5	10.6	已建成	2007	126	994	982
小湾	24.705	100.091	988	102.1	149.14	已建成	2010	292	1 240	1 162
功果桥	25.550	99.345	1 242	0.49	3.16	已建成	2012	105	1 307	1 311
苗尾	25.855	99.174	1 304	—	6.6	建设中	2014	139.8	1 408	—
大华桥	26.337	99.147	1 486	0.41	2.93	前期	—	106	1 479	—
黄登	26.547	99.104	1 627	—	14.18	建设中	2016	202	1 619	—
托巴	27.193	99.104	1 720	—	10.394	规划中	—	158	1 735	—

附表2 (续)

坝名	纬度/°N	经度/°E	#1	#2	#3	#4	#5	#6	#7	#8
里底	27.502	99.020	1 828	0.143	0.709	建设中	—	74	1 819.5	—
乌弄龙	27.926	98.917	1 909	0.36	2.72	建设中	—	137.5	1 906	—
果念	28.320	98.867	1 940	—	—	或取消	—	—	2 080	—
古水	28.607	98.746	2 265	—	—	规划中	—	220	2 340	—
白塔	—	—	493	—	—	规划中	—	—	—	—
古学	29.183	98.607	523	—	—	前期	—	60.5	—	—
如美	29.648	98.348	535	—	—	前期	—	118	—	—
班达	30.200	97.934	602	—	—	前期	—	261.5	—	—
卡贡	30.622	97.445	807	—	—	前期	—	118	—	—
约龙	30.868	97.346	895	—	—	规划中	—	126	—	—
侧格	30.985	97.339	988	—	—	规划中	—	292	—	—
林场	31.180	97.185	1 242	0.022	0.09	规划中	—	105	3 257	—
如意	31.221	97.175	1 304	0.064	0.221	规划中	—	139.8	3 295	—
向达	31.452	97.183	1 486	0.023	0.111	规划中	—	106	3 359	—
果多	31.523	97.195	1 627	0.117	0.43	建设中	—	202	3 412	—
冬中	31.876	96.990	1 720	0.195	0.783	规划中	—	158	3 503	—
昂赛	32.465	95.370	1 828	—	—	规划中	—	74	—	—
龙庆峡	32.526	95.211	1 909	—	—	已建成	—	137.5	—	—

注：#1：坝址高程（m）；#2：调节库容（亿m³）；#3：总库容（亿m³）；#4：状态；#5：建成年份；#6：最大坝高（m）；#7：正常蓄水位（m）；#8：死水位（m）。

附表3　气象站点信息表

区站号	站名	位置	纬度/° N	经度/° E	高程/m
55593	墨竹工卡	西藏	29.51	91.44	3 805.1
55299	那曲	西藏	31.29	92.04	4 508.2
55493	当雄	西藏	30.29	91.06	4 201.2
55598	泽当	西藏	29.16	91.46	3 561.5
56004	沱沱河	青海	34.13	92.26	4 533.9
56016	治多	青海	33.51	95.37	4 179.9
56018	杂多	青海	32.53	95.17	4 067.2
56021	曲麻莱	青海	34.07	95.48	4 175.8
56029	玉树	青海	33	96.58	3 717.7
56034	清水河	青海	33.48	97.08	4 416.2
56038	石渠	四川	32.59	98.06	4 201
56116	丁青	西藏	31.25	95.36	3 874.3
56125	囊谦	青海	32.12	96.28	3 644.5
56128	类乌齐	西藏	31.13	96.36	3 811.2
56137	昌都	西藏	31.09	97.1	3 316.2
56144	德格	四川	31.48	98.35	3 185
56223	洛隆	西藏	30.45	95.5	3 641.2
56227	波密	西藏	29.52	95.46	2 737.2
56228	八宿	西藏	30.03	96.55	3 261

附表3 （续）

区站号	站名	位置	纬度/° N	经度/° E	高程/m
56247	巴塘	四川	30	99.06	2 590.2
56312	林芝	西藏	29.4	94.2	2 993
56317	米林	西藏	29.13	94.13	2 951.2
56331	左贡	西藏	29.4	97.5	3 781.2
56357	稻城	四川	29.03	100.18	3 728.6
56434	察隅	西藏	28.39	97.28	2 328.8
56441	得荣	四川	28.43	99.17	2 424.1
56444	德钦	云南	28.29	98.55	3 320.8
56533	贡山	云南	27.45	98.4	1 587.7
56543	香格里拉	云南	27.5	99.42	3 277.6
56548	维西	云南	27.1	99.17	2 326
56643	六库	云南	25.52	98.51	950.6
56651	丽江	云南	26.51	100.13	2 382.1
56748	保山	云南	25.07	99.11	1 651.2
56751	大理	云南	25.42	100.11	1 991.6
56856	景东	云南	24.28	100.52	1 163.5
56946	耿马	云南	23.33	99.24	1 104.8
56951	临沧	云南	23.53	100.05	1 502.6
56954	澜沧	云南	22.34	99.56	1 054.4

附表3　（续）

区站号	站名	位置	纬度/° N	经度/° E	高程/m
56964	思茅	云南	22.47	100.58	1 302.9
56966	元江	云南	23.36	101.59	401.6
56969	勐腊	云南	21.28	101.35	634.4
56977	江城	云南	22.35	101.51	1 121

附表4　本研究使用的数据

名称	变量	分辨率	时间	来源
GFZ	*TWSA*	1°	2002—2019年	https://grace.jpl. nasa.gov/data/get-data/
CSR	*TWSA*	1°	2002—2019年	https://grace.jpl. nasa.gov/data/get-data/
JPL	*TWSA*	1°	2002—2019年	https://grace.jpl. nasa.gov/data/get-data/
CSR mascon	*TWSA*	0.5°	2002—2019年	https://grace.jpl. nasa.gov/data/get-data/
JPL mascon	*TWSA*	0.5°	2002—2019年	https://grace.jpl. nasa.gov/data/get-data/
JRC	*SWE*	monthly	2008—2020年	JRC/GSW1_2/GlobalSurfaceWater
GRAS	*SWE*	12 day	2017—2020年	DHI Company of Denmark
Jason-2	*WSE*	10 day	2010—2016年	ftp://avisoftp.cnes.fr/AVISO/pub/

附表4 （续）

名称	变量	分辨率	时间	来源
Sentinel-3 A/B	*WSE*	27 day	2016—2019年	https://earth.esa.int/ eogateway/missions/ cryosat/data
Cryosat-2	*WSE*	369 day	2010—2019年	https://scihub.copernicus. eu/dhus/
GLDAS 2.1	*SMS*	0.25°	2002—2019年	https://disc.gsfc.nasa
MERRA-2	*SMS*	0.65° × 0.50°	2002—2019年	https://disc.gsfc.nasa
IMERG	*P*	0.1°	2002—2019年	https://gpm.nasa.gov/data/ imerg
CMAGrid	*P*	0.5°	2002—2019年	http://data.cma.cn/

注：*TWSA*，总蓄水异常；*SWE*，水面面积；*WSE*，水面高程；*SMS*，土壤水储量。

附　　图

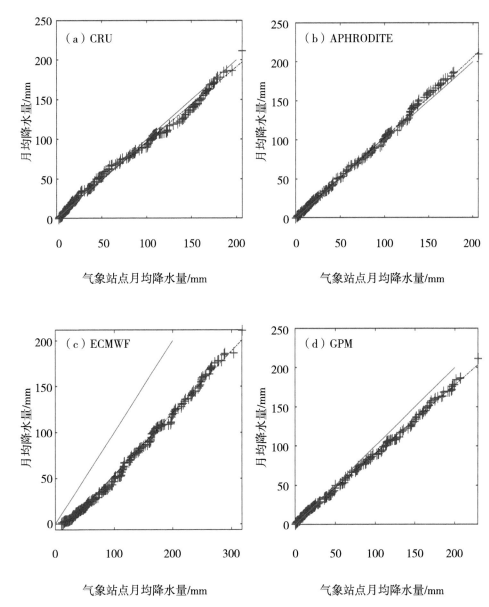

附图1　4套降水数据集月均Q-Q分布图

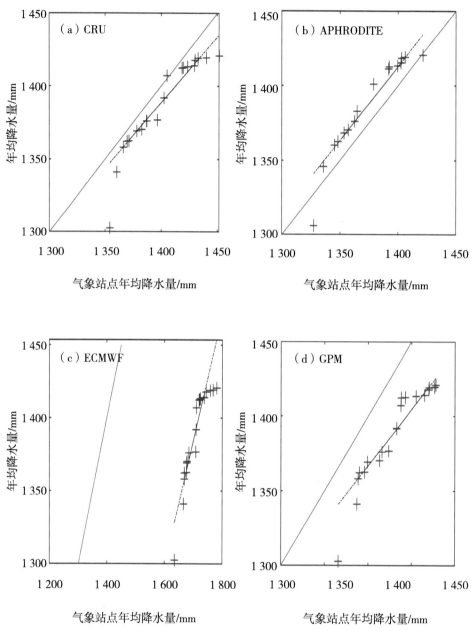

附图2　4套降水数据集年均Q-Q分布图

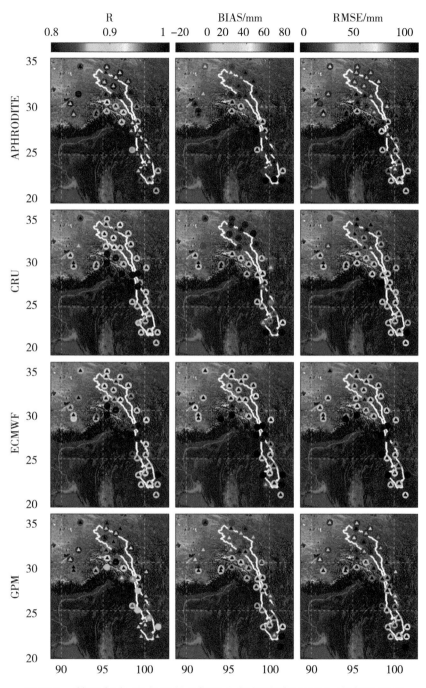

附图3　基于气象站点评估4套降水数据集在空间上的表现差异

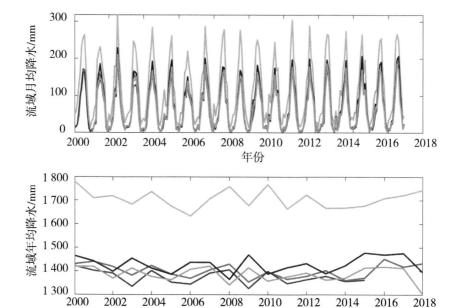

— CRU　—APHRODITE　—ECMWF　—GPM　—气象站点

附图4　5种降水数据集月均降水和年总降水时间序列图

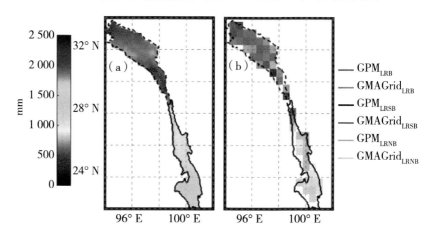

附图5　IMERG和CMAGrid在澜沧江流域的时空分布图

注：（a）和（b）分别表示IMERG和CMAGrid的年均空间分布图，（c）IMERG和CMAGrid在流域上下游的月均降水变化序列，（d）澜沧江流域以及上下游的降水分布直方图，（e）降水的年内分布特征图，阴影表示多年降水的标准差。

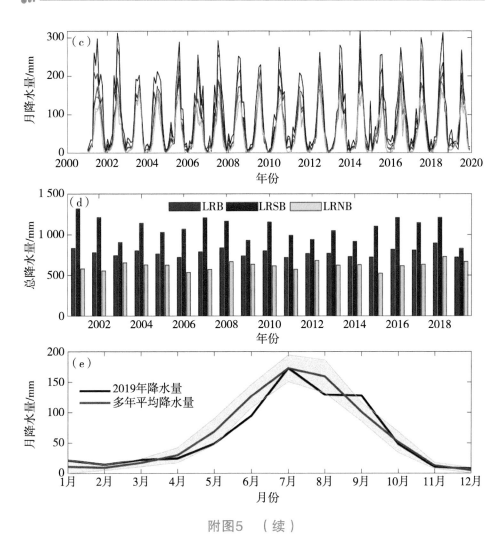

附图5　（续）